职业技能培训鉴定教材

CHAYE
JIAGONGGONG

茶叶加工工

（中级）

人力资源和社会保障部教材办公室组织编写

中国劳动社会保障出版社

图书在版编目（CIP）数据

茶叶加工工：中级/人力资源和社会保障部教材办公室组织编写. —北京：中国劳动社会保障出版社，2012

职业技能培训鉴定教材

ISBN 978-7-5167-0149-2

Ⅰ.①茶…　Ⅱ.①人…　Ⅲ.①茶叶加工-职业技能-鉴定-教材　Ⅳ.①TS272

中国版本图书馆 CIP 数据核字（2012）第 305331 号

中国劳动社会保障出版社出版发行

（北京市惠新东街 1 号　邮政编码：100029）

出 版 人：张梦欣

*

中国标准出版社秦皇岛印刷厂印刷装订　　新华书店经销

787 毫米×1092 毫米　16 开本　8.75 印张　139 千字

2012 年 12 月第 1 版　　2022 年 6 月第 12 次印刷

定价：22.00 元

读者服务部电话：（010）64929211/84209101/64921644

营销中心电话：（010）64962347

出版社网址：http://www.class.com.cn

教材编审委员会

本书编审人员名单

内 容 简 介

  本教材由人力资源和社会保障部教材办公室组织编写。教材以《国家职业标准·茶叶加工工》为依据,紧紧围绕"以企业需求为导向,以职业能力为核心"的编写理念,力求突出职业技能培训特色,满足职业技能培训与鉴定考核的需要。

  本教材详细介绍了中级茶叶加工工要求掌握的实用知识和技术。全书主要内容包括:加工准备、主要加工过程控制、质量控制。书末提供了理论知识考核试卷及答案,供读者巩固、检验学习效果时参考使用。

  本教材是中级茶叶加工工职业技能培训与鉴定考核用书,也可供相关人员参加就业培训、岗位培训使用。

前　言

科技日新月异，我国产业结构调整与企业技术升级不断加快，新职业和新岗位也不断涌现，能不能拥有一批掌握精湛技艺的高技能人才和一支训练有素、具有较高素质的职工队伍，已成为决定企业、行业乃至地区是否具有核心竞争力和自主创新能力的重要因素。一些地区、行业、企业根据工作现场、工作过程中职业活动对劳动者职业能力的需求，纷纷提升人才培养规格与培养标准，从过去单一社会化鉴定模式向自主培训鉴定、职业能力考核、工作业绩评价等多元评价模式转变，从过去以培养传统技术技能型人才为主向培养技术技能型、知识技能型和复合技能型人才转变，职业培训与鉴定考核领域进一步拓展。为了适应新形势，更好地满足各地培训、鉴定部门及各行业、企业开展培训鉴定工作的需要，我们根据地方、行业和企业实际，组织编写了一批具有地方、行业特色，满足企业需求，或面向新职业、新岗位的职业技能培训鉴定教材。

新编写的教材具有以下主要特点：

在编写原则上，突出以职业能力为核心。教材编写贯穿"以企业需求为导向，以职业能力为核心"的理念，结合企业实际，反映岗位需求，突出新知识、新技术、新工艺、新方法，注重职业能力培养。凡是职业岗位工作中要求掌握的知识和技能，均作详细介绍。

在使用功能上，注重服务于培训和鉴定。根据职业发展的实际情况和培训需求，教材力求体现职业培训的规律，反映地方、行业和企业职业技能鉴定考核的基本要求，满足培训对象参加各级各类鉴定考试的需要。

在编写模式上，采用分级模块化编写。纵向上，教材按照职业资格等级单独成册，各等级合理衔接，步步提升，为技能人才培养搭建科学的阶梯型培训架构。横向上，教材按照职业功能分模块展开，安排足量、适用的内容，贴近生产实际，贴近培训对象需要，贴近市场需求。

在内容安排上，增强教材的可读性。为便于培训、鉴定部门在有限的时间内把最重要的知识和技能传授给培训对象，同时也便于培训对象迅速抓住重点，提高学习效率，在教材中精心设置了"培训目标"等栏目，以提示应该达到的目标，需要掌握的重点、难点、鉴定点和有关的扩展知识。另外，每个级别的教材都提供了理论知识考核试卷，方便培训对象及时巩固、检验学习效果，并对本职业鉴定考核形式有初步的了解。

本书在编写过程中得到了四川省人力资源和社会保障厅、四川省劳务开发暨农民工工作领导小组办公室、四川省职业技能鉴定指导中心、四川省农业科学院茶叶研究所、成都天源居名茶有限公司、四川名山县皇茗园茶业集团有限公司、成都一味茶业有限公司、成都千巡饮业有限公司、四川博茗茶产业技能培训中心、四川省喜玛江源职业培训服务有限公司的大力支持和热情帮助，在此一并致以诚挚的谢意。

编写教材有相当的难度，是一项探索性工作。由于时间仓促，不足之处在所难免，恳切希望各使用单位和个人对教材提出宝贵意见，以便修订时加以完善。

人力资源和社会保障部教材办公室

目 录

第 **1** 单元

加工准备

在制茶过程中，实质上是在加工技术这个外因条件下，通过鲜叶内因的化学成分，发生一系列的理化变化，而获得各种茶叶品质特征。因此，要制出品质优良的茶叶，首先必须了解鲜叶内含化学成分的性质、外在表现和这些成分在加工中的变化规律，在一定的制茶条件下，充分发挥人的主观能动作用，才能主动、灵活地采取适当措施制好茶。

第一节 原料准备

→ 能够按照鲜叶分级标准对鲜叶进行分级和摊放
→ 能够识别劣质鲜叶、毛茶并进行处理
→ 能够按照毛茶原料付制要求分清茶类、级别、批次

一、鲜叶分级和摊放

从茶树上采摘下来的嫩枝芽叶称鲜叶，鲜叶是制茶的原料，是形成茶叶品质的物质基础。茶叶质量的高低，取决于鲜叶质量的优劣和制茶技术是否合理。鲜叶质量是形成茶叶品质的内在根据，而制茶技术则是茶叶形质转化的外在条件和必要措施。

1. 鲜叶分级

鲜叶分级处理是按茶类鲜叶的不同质量，对鲜叶进行分级处理，同一级别的鲜叶采取相同的处理措施，不同级别的鲜叶采取不同的处理措施。鲜叶分级或处理是鲜叶管理工作中的重要组成部分。鲜叶从树上采下后，生命活动并没有停止，呼吸作用仍在继续。在呼吸作用中放出大量热量，消耗部分干物质，如不采取必要的管理措施，轻则使鲜叶失去鲜爽度，重则产生水闷味、酒精味，或红变变质，致使不能加工名优茶，甚至失去饮用价值。因此，鲜叶分级处理是一项非常重要的工作，应尽快进行。在鲜叶分级前，应先进行鲜叶验收。鲜叶验收是检查鲜叶是否符合采摘匀净度、新鲜度的手段。验收合格后应及时运至加工地（也可先运送后验收）进行加工。

鲜叶分级的技术要求在各茶区都有一些相应的规定，由于六大茶类品质特征

単元
1

不同，各地消费习惯也千差万别，其间又产生了一定的差异。这里以大宗绿茶的炒青毛茶鲜叶分级技术质量要求为例作简要介绍。炒青毛茶鲜叶质量要求分为六级，具体如下：

（1）特级。以一芽一、二叶为主，其中一芽一叶占50%～60%以上。

（2）一级。以一芽二、三叶为主，其中一芽二叶占60%以上，一芽三叶占40%以下。

（3）二级。以一芽二、三叶为主，其中一芽二、三叶占65%～75%以上，对夹叶不超过20%。

（4）三级。以一芽三叶为主，其中一芽三叶占50%以上，对夹叶不超过30%。

（5）四级。以一芽三、四叶为主，其中一芽三叶占30%以上，一芽四叶占30%以下，对夹叶占40%以下。

（6）五级。以一芽四、五叶为主，其中一芽五叶占40%以上，对夹叶占50%以下。

2. 鲜叶摊放

鲜叶采后一般不能立即加工，需摊放一段时间，这道工序就是鲜叶摊放。鲜叶验收进厂后，应按品种、产地、采摘时间、鲜叶级别等分别摊放。

（1）鲜叶摊放的目的

1）随着水分的蒸发，使鲜叶发生轻微的理化变化，茶多酚、儿茶素发生轻度氧化，呈苦涩味的多酚类物质含量下降。由于蛋白质的水解作用，不溶性多糖及难溶性果胶也略有水解，使水浸出物和氨基酸增加。青臭气逐渐消失，一些香气物质芳香醇、香叶醇等随摊放过程而逐渐增加。

2）降低鲜叶水分，使叶质变软，减少细胞膨压，降低鲜叶的弹脆性，增强可塑性，有利于后期做形。

3）有利于形成干茶色泽嫩绿、表面光洁的品质特征。所用鲜叶一般都是幼嫩的，含水率较高，而且春季往往阴雨连绵，鲜叶经常带有表面水，若不经过摊放，杀青时水蒸气大，杀青时间延长，容易造成闷熟而导致色泽黄变及杀青叶之间或杀青叶与筒壁之间黏结，导致成品干茶颜色黑，团块多，茶叶表面粗糙、不光滑。

4）缩短杀青时间，提高工效，降低成本，节约能源。

（2）鲜叶摊放操作要领

1）鲜叶要做到七分开。即将不同品种、不同等级的鲜叶分开，晴天雨天叶分开，幼龄茶树与壮老茶树鲜叶分开，阴阳坡鲜叶分开，上下午鲜叶分开，正常与劣质的鲜叶分开，获得认证与未获认证的鲜叶分开。

2）摊放的环境条件要求。要求相对湿度 90% 左右，室温 15℃左右，叶温要控制在 30℃以下。应摊放在清洁卫生、朝北阴凉处，避免阳光直射，通风良好。

3）摊放用具要求。鲜叶必须摊放在摊青架、软匾或篾制竹席上，绝对不能摊放在地板上，翻动和收拢时用力要轻，操作不能损伤芽叶，以免红变。竹篾席透气性好，无异杂味，清洁无污染，易于清洗，原料丰富，成本低廉。

4）摊放厚度。一般摊放厚度为 6～8 cm（25 kg/m），边缘厚中间薄，摊放均匀，少翻动。晴天，空气湿度低，可适当厚摊，防止鲜叶失水过多，应提前加工；雨水叶露水叶及粗壮芽叶应适当薄摊，以便充分散失水分，避免焐黄；春季气温低，可适当摊厚些。名优绿茶摊放厚度一般不超过 3 cm。

5）摊放时间。一般以 6～12 h 为宜，最多不超过 20 h，中间适当翻叶，翻叶时要尽可能避免鲜叶受到不必要的损伤。操作人员应根据鲜叶进厂的理化特征做好记录，随时检查在摊放中鲜叶的变化程度，定出加工顺序。防止鲜叶因摊放时间不足，形成不了名优茶的最佳品质，同时也要防止因摊放过度，鲜叶发生变质，产生残次成品。

6）摊放的适度标准。叶质发软，芽叶舒展，发出清香，叶含水量 68%～70%，颜色暗绿，无焦边、红梗，手握不黏手。若鲜叶呈紧张、挺直状态，表示失水少，摊放不足；若芽峰弯曲，叶片发皱，芽叶萎缩，表示失水过多，摊放过度。

二、鲜叶的感官鉴别

鲜叶的感官识别主要是从鲜叶的外形、光泽度、叶片形态、净度、香气、滋味、叶色、匀整度等几个方面外观质量和形态来进行鉴别，鉴别的目的是剔除不合格和劣质的鲜叶。

1. 外形

嫩度以毫多而肥壮、叶张肥嫩的为上品；毫芽瘦小而稀少的，则品质次之；叶张老嫩不匀间杂有老叶、腊叶的，则品质差。

2. 光泽度

毫色银白，有光泽，叶面灰绿（叶背银白色）或墨绿、翠绿的，则为上品；

单元 1

铁板色的，品质次之；黑、红色及缺乏光泽的，品质最差。

3. 叶片形态

叶子平伏舒展，叶缘重卷，叶面有隆起波纹，芽叶连枝稍微并拢，叶尖上翘、不断碎的，品质最优；叶片摊开、折皱、弯曲的，品质次之。

4. 净度

要求不得含老梗、老叶及腊叶，如果茶叶中含有杂质，则品质差。

5. 香气

以毫香浓显或清鲜纯正的为上品；有淡薄、青臭、失鲜、发酵感的为次。

6. 滋味

以鲜爽、醇厚、清甜的为上品；粗涩、淡薄的为差。

7. 叶色

以杏黄、杏绿、清澈明亮的为上品；泛红、暗混的为差。

8. 匀整度

以匀整、肥软、毫芽壮多、叶色鲜亮的为上品；硬挺、破碎、暗杂、花红、黄张、焦叶红边的为差。

三、鲜叶嫩度、匀度、鲜度的鉴别

鲜叶质量指标包括鲜叶的嫩度、匀度和新鲜度。一般说，鲜叶质量的好坏指的是嫩度和匀度，而鲜叶失去新鲜度在很大程度上是由鲜叶采收和运输过程的管理不当所造成的，所以，只要认真操作，这种失误是可以避免的。

1. 鲜叶嫩度的鉴别

嫩度是指芽叶伸育的成熟度。芽叶是从营养芽伸育起来，随着芽叶叶片的增多，芽相应由粗大变为细小，最后停止生长成为驻芽。叶片自展开成熟定型，叶面积逐渐扩大，叶肉组织厚度相应增加。鲜叶色度同样能反映嫩度，新梢在发育时期，叶绿素含量变化很大，幼嫩叶叶绿素含量低，成熟定型后高，因此幼嫩叶的色度较浅，呈嫩绿色，随芽叶成熟，绿色加深。

鲜叶的嫩度是鲜叶内含各种化学成分综合的外在表现。随着嫩度的下降，一些主要化学成分也相应改变。多酚类化合物含量总体呈下降趋势；蛋白质含量相应下降；氨基酸和水浸物含量变化规律性不明显；水浸出物含量大体是中等嫩度的含量高，芽叶老化，含量下降；还原糖、淀粉、纤维素、叶绿素含量相应增加。研究发现茶氨酸与嫩度关系密切，其含量从芽到叶随嫩度下降而减少，但嫩梗的茶氨酸含量比芽叶高。

除采制名茶外，一批鲜叶很难做到由一种芽叶组成，通常由各种芽叶混杂而成。因此，评定鲜叶嫩度和给鲜叶定级，一般应用芽叶组成分析法。芽叶组成分析方法虽然简单易行，但要花不少时间，收购鲜叶评级时难以应用。目前仍以感官评定方法为主，芽叶组成分析法作为参考，有争议时采用。即使这样，有时芽叶组成分析结果还是难以解决问题。比如，同是一芽二叶的鲜叶，由于留叶采的程度不同，采下的一芽二叶的嫩度是不同的。衰老茶树和长势旺盛茶树，同是一芽二叶的嫩度也不一样。

评级采用的一般方法如下：

一是看芽头，即看芽头大小肥瘦，芽头数量的多少。

二是看叶张，即看第一叶和第二叶的开展度。

三是看老叶，即单片叶和一芽三、四叶老化程度的强弱和数量的多少。

2. 鲜叶匀度的鉴别

匀度是指某一批鲜叶的理化性状一致性程度的高低。无论是制作哪种茶类，都要求鲜叶匀度要好，如果鲜叶质量混杂，就会导致选择制茶技术时无所适从。生产过程和制茶技术的选择最忌讳的就是老嫩混杂，它对初制茶叶品质的影响最大。同一批鲜叶老嫩不一，内含成分不同，叶质软硬程度也不同，就必然造成杀青老嫩生熟程度不一致，在揉捻中嫩叶断碎，老叶不成条，干燥时出现干湿不匀，茶末、碎茶过多的现象，这些会给毛茶精制带来很多麻烦。在生产实践中，若老嫩不匀，有一芽二叶，也有一芽四、五叶，或三叶开面的新梢，制成毛茶，老嫩混杂，也不便于初精制加工；也常见雨水叶、露水叶和晴天采的无表面水的鲜叶相互混杂；也有的品种不一，肥厚的持嫩性强的品种与瘦薄的易老化的品种鲜叶互相掺和等，这些都是匀度差的体现。

导致鲜叶匀度不整齐的原因有很多，但最直接、最常见的原因是采摘标准不一致、不良采摘习惯的放纵未得到有效制止。名茶鲜叶采摘十分讲究，必须严格

单元
1

进行技能培训。做好准备工作，了解茶园不同地块的萌发状况，做到早发早采。具体采摘措施为：

(1) 按茶类要求、按标准、分品种及时分批勤采。

(2) 平地、丘陵茶园先采，高山茶园后采；阳坡先采，阴坡茶园后采。

(3) 根据品类、级别档次分别制定采摘标准。

(4) 积极有效地宣传、指导茶农提高科学种茶、科学采茶的基本常识。

(5) 按茶类原料要求标准严把鲜叶原料收购质量关。

3. 鲜叶鲜度的鉴别

鲜叶保持原有（离体时）理化性状的程度称为新鲜度。鲜叶新鲜度高，毛茶质量好。因此，在具体生产制作上要求鲜叶现采现制或较短的时间内付制。

鲜叶开始失去新鲜感，鲜艳的色泽消失，清新的兰花香减退，以及内含物的分解，这些变化与鲜叶摊放、轻萎凋相似。但是，鲜叶摊放，轻萎凋是制茶中的一道工序，是受到制茶技术限制的，是有意使鲜叶完成一定的内质变化，为下一道工序做准备。而鲜叶失鲜的这些品质变化是在失控的条件下产生的，它会沿着鲜叶劣变的方向发展下去，直到失去对其制作的价值。

(1) 鲜叶失鲜的速度

在正常条件下，鲜叶失鲜的速度开始比较缓慢，保持一天是不成问题的。但是如果操作失误，如将鲜叶紧紧装在布袋（或木框）里，弄伤了芽叶，叶温内部升温，受伤芽叶加速氧化，进一步导致叶温上升，温度升高，反过来又加速芽叶的氧化，如此恶性循环，不用多久，鲜叶就会变红，出现酒味和腐败气味，有效物质被迅速消耗，直至失去本身的价值。

(2) 鲜叶失鲜的原因

1) 在鲜叶采收时，违规操作，抓伤了芽叶。

2) 在鲜叶运输过程中，运输工具没有遮阳设备，鲜叶受到阳光直射；没有装运鲜叶的专用设施而用袋装，引起鲜叶升温过快；运输时间太长。

3) 在鲜叶保管过程中处理不当，鲜叶进厂后，不能及时付制，又没有采取合理的保鲜技术而加速鲜叶大量失鲜。

(3) 鲜叶新鲜度的感官鉴别

1) 看叶色有无红变，即使只有少量红变，也表明该批鲜叶有劣变。

2) 嗅香气。新鲜度好的鲜叶具有兰花清香或清爽香，如嗅到浓烈的气味，说明鲜叶新鲜度中等，如嗅到明显的酒精味则表明鲜叶已变质。

四、毛茶的感官鉴别和不合格及劣质毛茶的处理

毛茶在初制制作过程中，因受诸多因素的制约，尽管使用了各种手段对其实行严密控制，还是会出现一些不可避免的质量方面的问题。因此，在进行精制加工作业以前必须对付制的精制原料（即毛茶）进行鉴别，并处理不合格及劣质毛茶。

1. 毛茶的感官识别

绿茶是外形和内质并重的茶类，尤其是名茶更重视外形。不合格及劣质毛茶是根据毛茶的外形、香气、滋味、汤色、叶底等几个方面来进行感官识别的。

（1）外形

外形好的绿毛茶，茶色嫩绿起霜、条索匀整、重实有峰苗，颗粒紧结；外形差的绿毛茶，条索松扁，弯曲、轻飘、色黄，珠茶扁块或松散开口、色黄。对于蒸青绿茶，外形紧细重实，大小匀整，芽尖完整，色泽调匀、浓绿发青、有光彩者为上品；外形断碎，下盘茶多，色泽发黄、发紫、暗淡的，则品质差。

（2）香气

香气高的绿茶，有的有明显的板栗香或浓烈的花香、高锐的嫩香，芳香持久，香气鲜嫩，有的有特殊的紫菜香。绿茶香气中青草气、泥土气、烟焦气或发酵气味的，则品质差。

（3）滋味

品质好的绿茶滋味浓醇鲜爽，浓厚，回味带甘；品质差的绿茶滋味淡薄、粗涩，并有粗老青味和其他杂味。

（4）汤色

品质好的绿茶汤色清澈明亮，淡黄泛绿；品质差的绿茶汤色深黄、暗浊、泛红。

（5）叶底

品质好的绿茶叶底明亮、细嫩，厚而柔软。叶底黄暗、粗老、薄硬的品质较次；如果有红梗，红叶、靛青色及青菜色的叶底，则品质最差。

2. 不合格及劣质毛茶的处理

（1）不合格毛茶的处理

在对毛茶进行付制过程之前，一般将未能达到某级别标准的毛茶称为不合格

毛茶。要根据不合格毛茶的差距程度与因素的不同而区别处理。一般的处理方法如下：

1）水分不合格的，进行干燥复火处理，使之达到标准要求后，才能转入下一道工序。

2）某一个或两个以内因素不合格的毛茶要标注清楚后，单独堆码，以便于进行毛茶拼和归堆处理。

3）内质符合标准要求，外形某 1~2 个因素不符合标准要求的，单独堆码，进行精制加工处理。

4）外形符合标准要求，内质某 1~2 个因素不符合标准要求的，通过精制加工后由拼配环节根据实际情况调节。

（2）劣质毛茶的处理

处理劣质毛茶时，切记不能将劣质毛茶与品质好的毛茶简单地进行匀堆处理，这样不仅于事无补，反而会带来更大的损失。要根据劣质毛茶劣变程度的不同情况区别处理。一般的处理方法如下：

1）有轻微劣变现象（开汤后仔细审评才能鉴别出来）不影响饮用价值的，进行轻度发潮回润，使用较高火力提香，使异味散发后单独堆放做降一级处理。

2）劣变现象较开始暴露尚有饮用价值、饮用后不会影响人体健康的，进行深度发潮回润、高温复火去除异味冷却后，利用高温提香、完全去除异味后单独堆放，做单独加工、单独作为副茶销售处理。

3）劣变现象明显已无饮用价值的，作销毁备案处理。

五、毛茶的茶类、级别、批次

在精制的时候，首先要考虑毛茶类别及其适制性，有针对性地选择符合毛茶特性的加工方法进行精制。准备毛茶时，要注意以下几个问题：

1. 茶类

大宗绿茶类毛茶（炒青毛茶、烘青毛茶）精制涉及的第一个问题就是加工方法，精制的加工方法有"生做""熟做""生熟混做"三种。采用哪种加工方法取决于毛茶水分含量的高低。这是付制时的第一道工序。因付制时第一道工序的不同，便形成不同的精制加工技术。决定毛茶付制第一道工序的重要因素是毛茶水分含量的高低。毛茶水分一般要求保持在 7%~9% 以内或 6%~8% 以内，并按照含水量不同进行分类，同时对形质、等级、季节、产区不一的毛茶要严格区分，标注清楚，分别堆码，方便进出和便于保管。

2. 级别

付制毛茶的级别一般至少是两个级别以上。付制的毛茶进入生产车间后，要按照工艺技术指导书的规程及时、准确地进行操作，采取"单级付制，多级收回"或"多级付制，多级收回"的原则作业。先进行分筛分路、分段取料，剔除杂质，除去碎片末，以及被带入茶条外表的其他粉尘，用 4～80 号筛，对其进行分筛分路、分段、捞头、隔末，要求将其制作成为茶路、茶号规格清楚分明的筛号茶，为该批茶的拼配做好物质准备工作。

3. 批次

毛茶付制批次要根据茶叶生产厂家的设备配置能力、年计划生产数量与年计划销售数量、设备配置的日最大生产（吞吐）量、加工场所的周转能力、加工人员的有效配备与技术状态、仓库容量与正常吞吐量、装机容量大小、能源供应与类别等具体情况来确定。以一个年产量与销售量在 50 万 kg（生产品种为大宗绿茶类茶叶）的小型企业为例，在上述条件均处于正常情况下，平均每 3 天制作一个批次，一个批次付制 5 000 kg 毛茶原料是比较适宜的，即一年做 100 个批次。

单 元
1

第二节 设备、工具、场地准备

培训
目标

→ 能够按照作业指导书规定的要求做好工序间的设备检查、工具准备、场地检查、安排工作

→ 掌握常见制茶机械的操作方法

一、加工设备、工具及加工设备的检查

设备检查是进行加工作业之前所要进行的一项十分重要的工作，不仅关系到整个加工秩序能否保持正常运行、安全生产状态完好与否、生产现场人员及物品的安全与稳定等，而且直接影响生产茶品的最终质量是否合格。

1. 常用加工设备和辅助工具

（1）加工设备

茶叶加工设备根据茶叶加工的阶段不同，大致分为初制设备和精制设备两大部分。

1）初制设备的选择（以绿茶加工为例）。绿茶初制加工设备一般包括连续杀青机、微波杀青机、链条式自动冷却机、揉捻机、平置式或斜立式输送机、送风摊晾平台、多功能理条机、旋风式烘干机或瓶式炒茶机等。

2）精制设备的选择。绿茶精制加工设备一般包括滚筒圆筛机、抖筛机、平面圆筛机、飘筛机、切茶机、拣梗机、风选机、自动化匀堆装箱机、色选机、分装机（含自动和半自动）、封口机、覆膜机、计量器具、真空包装机、冷库储藏成套设施等。

（2）辅助工具

根据绿茶加工的初制过程的实际情况，加工辅助工具的配置应包括三部分，即设备维修工具、初制作业过程辅助工具、精制作业过程辅助工具。

1）设备维修工具。设备维修工具选择性不大，茶叶机械一般是技术成熟型产品，成规模的生产企业在出售机器设备时，就已经含有常备的专用维修工具。

2）初制作业过程辅助工具。主要包括散热排风扇、棕制刷把、棕制扫帚、竹制手工筛（各种规格齐全）、簸箕（大、中、小三种规格）、竹制撮箕、竹制摊晾架、不锈钢摊晾平台、不锈钢撮瓢（碗、盆）、竹制或不锈钢盛茶容器等。

3）精制作业过程辅助工具。主要包括鲜叶摊晾平台（杀青叶、拉毛火叶、炒二青叶、炒三青叶、辉干叶）、不锈钢可移动摊晾平台、转运用手推车、盛茶用具（中粮麻袋或双层数塑编袋）、磅秤等。

2. 加工设备的检查

（1）设备检查的内容

设备检查的内容包括每一台（套）设备的性能状态是否保持完好，设备润滑维护工作是否已经就绪，有故障设备的故障排除或修复与否，设备螺栓易松动部位是否已经完全复位。总之，必须使全部设备的性能保持在良好状态。

（2）加工设备相互连接的运行检查

具体做法为按下通电按钮，使全部设备启动并处于正常运行状态5～

10 min，查看各设备联动情况是否正常，仔细听其有无异常声响发出，振动设备振动频率有无异常，输送设备转速是否符合要求等。当全部设备启动并经检查处于正常运行状态时，才能开始投料进入作业程序。如果有问题，则请设备维修维护人员排除故障后方可开始生产。

二、生产现场在制品的周转场地及所用工具的安排和检查

1. 在制品存放场地的安排和检查

加工作业开始以后，流水线上各工序的在制品在转向下一工序的过程中，都需要有一个相对短暂的停留过程，那么，其堆放场所的准备就是一个不容忽视的问题。例如，鲜叶经过杀青工序下来以后暂时不能进入揉桶时的摊晾场地，揉捻叶下来以后暂时不能进入炒茶机时的摊晾场地，炒二青叶下锅以后暂时不能进入炒三青时的摊晾场地等。这个问题无论是初制过程还是精制过程都会涉及，因此，要安排好作短暂停留在制品存放场地，否则，不仅会造成加工场所秩序的混乱，而且严重时还会对产品质量造成影响。安排时应注意：面积要合理，与产能匹配；位置要能与上下工序衔接；同时又不影响工人行走路线。

2. 周转工具的安排和检查

周转工具一般包括存放在制品所使用的周转箱（木质或不锈钢制品）、周转运送工具（加工现场使用的手推车）、上料用的专用不锈钢碗或盆，以及工序间独立使用的竹制手筛、撮箕簸箕、棕制刷把等。由于各工序下来的在制品茶的形态、水分和流向的差异，工具不能混用的，所以，在对工序间使用工具的安排上一定要做到科学、合理、适量、够用。过少则会造成混乱影响现场秩序和品质质量，过多则会造成堆积或占用有限的空间，给生产带来一定的影响。

三、常用制茶机械操作方法

下面介绍一下 6CSF500 型超高温热风杀青机、6CR55（Ⅱ）型茶叶揉捻机、6CCP—110 型瓶式炒干机、热风炉式茶叶烘干机的操作方法。

1. 6CSF500 型超高温热风杀青机操作方法

（1）点火后即启动引烟机，5～7 min 以后必须启动主风机。

单元
1

（2）开动机器，使筒体转动，热风温度应达到300℃左右。

（3）当杀青机升到符合制茶温度时即可投叶，观察下叶质量均匀情况。

（4）观察杀青叶的情况，及时调整调速旋钮、滚筒和地平面的倾角、投叶量、热风炉的送风量和温度等。

（5）关机时，先关鼓风机、引烟机，撤去旺煤，当温度下降到50℃以下时才可以关停主风机和主机滚筒。

2. 6CR55（Ⅱ）型茶叶揉捻机操作方法

（1）加料

1）关闭出茶门。

2）摇动压盖手轮，使压盖最下点高出揉桶上口。

3）扳动手柄，松开插销，推出弯架到90°左右。

4）加叶至满桶后，将弯架回转至工作位置，锁紧后启动机器。

（2）加压

1）摇动弯架杠杆旁的手轮，使压盖上升或下降，调整压力大小。

2）加压办法。先轻后重，分步加压，轻重交替，最后不加压。

（3）出茶

1）根据工艺确定揉捻时间，揉足后准备出茶。

2）将压盖迅速升至揉桶顶口。

3）控制茶门把手，迅速将茶门打开，使揉捻叶下滑到振动槽。

4）茶叶出净后，关闭出茶门。

3. 6CCP—110型瓶式炒干机操作方法

（1）开机开动机器，使筒体转动，即可生火加温。

（2）当筒体温度升到符合制茶温度时即可投叶，炒10~35 min；炒至工艺要求质量时，停一下后反机转动，即可出茶。

（3）按上述程序继续生产。

（4）完成炒制后要及时取出旺煤，使筒体和炉体降温。

（5）当筒体温度降至50℃以下时方可停机，并将筒体内残留叶清除干净。

4. 热风炉式茶叶烘干机操作方法

（1）6CHT100型转筒式烘干机操作方法

单元
1

1）点火后即启动引烟机，5～7 min 以后必须启动主风机。

2）开动机器，使筒体转动，对筒体加温。

3）当筒体温度升到符合制茶温度时即可投叶，观察下叶均匀情况。

4）观察烘后在制茶含水量情况，及时调整。主要可以调整以下几个内容：

①调节调速旋钮。

②调节调高机构让转筒口倾斜适中。

③调节投叶量。

④调节热风炉的送风量和温度。

5）完成烘干后要及时取出旺煤，降温筒体和炉体。

6）当筒体温度降至50℃以下时方可停机，并将筒体内残留叶清除干净。

（2）6CH3—20 型链板式烘干机操作方法

1）点火后即启动引烟机，5～7 min 以后必须启动主风机。

2）开动变速装置，使烘板转动，对烘干机加温。

3）当机内温度升到符合制茶温度时即可投叶。

4）观察烘后在制茶的含水量情况，及时调整以下内容：

①调节调速旋钮。

②调节投叶量和下叶均匀情况。

③调节热风炉的送风量和温度。

5）完成烘干后要及时取出旺煤，降温烘干机和炉体。

6）当筒体温度降至50℃以下时方可停机，并将筒体内残留叶清除干净。

四、在制品工作流量的估算

在制品工作流量是指在制品通过在各道工序作业过程时使用的时间和在单位时间内在制品的数量。它一般由设备配套的设计能力、工序最大配套能力和工序间短暂储存在制品的能力三方面组成。

大量生产中在制品量可分为流水线（车间）内量、流水线间（库存）在制品量两类。流水线内在制品量包括工艺在制品量、运输在制品量、周转在制品量和保险在制品量四种。流水线间在制品量包括周转在制品量、运输在制品量和保险在制品量。

工艺在制品量确定是指保证流水线全部工作地同时开始工作所必需的在制品数量，即分布在各工序加工产品的数量。

运输在制品是指流水线内处于运输过程中的在制品数量。它取决于运输方式、运输批量、运输间隔期、产品（零部件）体积及存放地情况等因素。

工序间流动的周转在制品只存在于间断流水线中，是由于相邻工序时间数量不等、效率不协调而形成的。若前工序生产率高于后工序生产率，则一个看管周期结束，后工序会积压一批待加工的在制品（最大值）。若前工序完成任务后就停工，则后工序能逐渐加工完所积压的在制品；反之，若前工序生产率低于后工序生产率，则前工序必须提前加工积存一定数量的在制品，以便后工序能不停歇地加工，逐渐把积存的在制品加工完毕。这种用于平衡前后工序生产率差异的在制品，周而复始地形成与消耗，使在制品数量在零和最大值之间周期性变化着，这种在制品称为工序间流动在制品。

保险在制品量是为了保证流水线上个别工作地或工序突然发生故障、出现废品，不致影响整个流水线正常生产而设置的在制品数量。一般是在负荷较高的工序或容易发生故障的工序建立保险在制品。

确定在制品数量时，还应注意以下几个问题：

第一，对于不同流水线（车间）应明确哪种在制品在生产中起主导作用，毛坯车间在制品有工艺在制品、流动在制品，其中流动在制品是主要的；加工车间在制品有工艺在制品、运输在制品、流动在制品，其中工艺在制品是主要的；装配车间在制品主要是工艺在制品。

第二，在制品数量可以分别计算，计算时应考虑生产过程的衔接，结合标准作业计划加以确定，然后按存放地点汇总。

第三，在制品记录表由生产部门编制。

第四，在制品确定后，必须按班组、工序分级分工负责，共同管好在制品。

第五，在制品数量一经确定，就成为流水线工作中一种非常重要的期量标准，它对稳定生产作业计划秩序和协调生产活动有极为重要的作用。

下面以日加工名茶（扁形茶）鲜叶 1 000 kg 为例计算在制品工作流量。

（1）设备配套的设计能力

40 型连续杀青机 6 台、15D 微波杀青机 1 台、50 cm 链条式冷却机 1 台、2 m² 摊晾平台 1 个、多功能理条机 24 台。

（2）工序最大配套能力

6 台 40 型连续杀青机每小时的吞吐量为 120 kg，摊晾平台基本无存货，24 台理条机工作量基本正常。

（3）工序间短暂储存在制品的能力

6 台 40 型连续杀青机若每小时的吞吐量为 120 kg，摊晾平台则会有存货（杀青叶）40 kg。随着时间的推移，存货数量还会继续增加，24 台理条机工作量基本饱和，若再加上辉干的工作则理条机工作能力就明显不足。

复习题

1. 茶叶加工设备根据茶叶加工的阶段不同可分为哪两大部分？
2. 设备检查包括哪些内容？
3. 6CR55（Ⅱ）型茶叶揉捻机操作方法有哪些？

单元
1

第

2

单元

主要加工过程控制

茶叶品质的形成是依据茶类品质特点要求，依据茶类原料要求采用合适的加工工艺控制过程，使该茶类品质向最有利的方向发展。如黑茶的基本工艺为杀青、揉捻、渥堆、干燥，其品质特征是汤色橙黄，叶底黄褐或黑褐，形成此特征的关键工序是渥堆。红茶的基本工艺为萎凋、揉捻或揉切，再通过"发酵"、干燥，形成的品质特征是红汤红叶，关键工序是"发酵"。因此，在不同茶类的加工工艺如何掌握和控制好关键工序，是茶类品质形成的关键技术。

第一节　黑茶、红茶工艺控制

→ 掌握黑茶加工的一般原理

→ 掌握黑茶形成的基本过程及发酵"渥堆"技术

→ 掌握红茶形成的基本过程及全程发酵技术

→ 能够加工两种当地名茶

一、形成黑茶的基本过程

1. 黑茶概述

我国黑茶生产历史悠久，产量约占全国茶叶总产量的 1/4。历史上以边销为主，部分内销、外销。因此，黑茶又称为"边茶""边销茶""紧压茶"。随着对黑茶功能作用的进一步认识和推广，近年来黑茶内销、外销市场发展势头很好。

据施兆鹏、朱海燕著《湖南黑茶史》记载，我国黑茶始制于四川，又据《甘肃通志》记载，明嘉靖三年（1524 年），湖南安化仿四川"乌茶"制法并加以改进，制成半发酵黑茶。黑茶的主要传统产区有四川、湖南、湖北、广西、云南等地。

黑茶能温中和胃，解腻止渴，帮助消化。高寒地区气候干燥，水果、蔬菜少，膳食结构单一，茶叶含有多种维生素，能有效补充维生素不足。所以，黑茶是我国西北部广大地区藏、蒙、维、回、羌等少数民族同胞传统的日常生活必需品。"宁可三日无粮，不可一日无茶"，"一日无茶则滞，三日无茶则病"，是民族同胞的深切感悟和体会。

黑茶的主要品种如下：

单元
2

（1）四川边茶

四川边茶分为南路边茶、西路边茶，以南路边茶为主。

1）南路边茶。南路边茶的名称源于清代中期改"茶引制"为"招商引岸制"，成都出南门以远雅州、名山、天全、荥经等县划为"南路边茶"。其制作历史悠久，毛文锡在《茶谱》中提出："有火番饼，每饼重四十两，入西番、党项，重之。如中国名山者，其味甘苦。"从唐宋饼茶到明代散庄叶茶，明末将散茶筑制成包，制成紧压砖茶，历经长期传承发展，形成独具特色的制作工艺。2008年6月，南路边茶制作技艺经国务院批准列入国家级非物质文化遗产名录。南路边茶历史上主要销往西藏、青海、甘肃南部和四川三州等地藏区。近年开发的藏茶新产品"各族共饮"，销往全国各地，市场情景广阔。

2）西路边茶。西路边茶主产于都江堰、崇庆、大邑等地，主要品种有方包、茯砖，主要销往阿坝、甘南等地区。

（2）湖南黑茶

湖南黑茶在明代万历年间开始远销西北，目前主产于湖南益阳、安化等地，主要产品有茯砖、黑砖、花砖，主销新疆、甘肃、青海等省（区）。黑砖20世纪30年代由安化县创制。花砖的前身叫花卷茶，即用棕片和竹篾捆压后呈圆柱形的茶包。益阳黑茶、安化黑茶2008年被列入国家级非物质文化遗产名录。

（3）湖北老青茶

湖北老青茶主产于湖北省咸宁地区的蒲圻、咸宁、通山、临湘等地，主销内蒙古自治区。

（4）广西黑茶

广西黑茶主产于广西苍梧县六堡乡，又名"六堡茶"，销往广东、中国香港、中国澳门、新加坡等地。

（5）滇桂黑茶

滇桂黑茶主要有普洱茶、下关沱茶、紧茶等。过去很多茶学专著把普洱茶归入黑茶类，21世纪后，一些学者提出，普洱茶不属于黑茶，应单列一类，但目前多数专家不认同，存在很大的争议，这有待茶学专家进一步探讨并提出理论分类依据。

2. 形成过程

形成黑茶的基本过程是通过对原料的加工破坏叶绿素，使叶黄素、花黄素、胡萝卜素等显露和多酚类化合物氧化为茶黄素、茶红素等。

　　黑茶香气的变化是深刻的，经渥堆（发酵）后粗青气、涩味消除，形成香气纯正、滋味醇和的品质特点。香气的形成主要是在加工过程中的变化，鲜叶经杀青揉捻，渥堆（发酵）使叶温升高，青草气逐渐消失，糖类物质和有机酸类发生激烈变化，醇类、醛类、酸类、酮类等有气味的物质不断增加，蛋白质水解成氨基酸，与多酚类化合物的氧化产物结合成香气物质，还能与糖类结合成玫瑰香，新形成的香气逐渐显露，使黑茶香气纯正。

　　黑茶滋味变化的因素主要是糖、果胶、多酚类、氨基酸、咖啡因等物质在加工过程中发生变化造成的，如氨基酸是鲜味物质，茶汤中的游离氨基酸是构成鲜爽滋味的重要成分。咖啡因具有苦味，在杀青和干燥过程中，一方面发生升华，同时与其他化合物反应损失近 40%，使茶汤苦味减弱。纤维素、半纤维和原果胶物质在高温条件下水解成可溶性糖和果胶，增加茶汤的醇和滋味。

3. 黑茶初制

　　（1）黑茶初制机具

　　黑茶传统制作主要依靠人力手工完成，四川南路边茶、湖南茯砖、安化千两茶制作技艺 2008 年被国务院列入了第二批国家级非物质文化遗产名录。黑茶初制专用机具不多，多数采用通用的茶叶机具，如杀青机、揉捻机、滚筒炒干机等，或企业根据工艺要求自行设计制造的专用机具，如风选机、筛选机、舂包机等，仅有少量的成套设备。由于黑茶品种多，规格、外形各不相同，初制机具的品种、型号、机型、技术成熟程度等有较大区别，要根据不同产品的需要选择初制机具。下面介绍几种南路边茶的加工机具。

　　1）6CST—139 茶叶杀青机（见图 2—1）。6CST—139 系列茶叶杀青机主要用于茶叶的杀青、炒干、辉锅，是制作炒青茶及藏茶的主要设备，特点是杀青量大、快速，叶形完整，均匀一致，品质稳定，操作方便，可连续生产。该机型还可用于黑茶初制的烘干工序，并广泛用于炒花生、瓜子、胡豆及中药材等的烘干。

　　2）6CR—55 盘式揉捻机（见图 2—2）。6CR—55 盘式揉捻机主要用于茶叶的揉捻，是制作各种茶叶的主要设备。该机器结构简单紧凑，机件分布合理，联动部分采用轴承结交，有效降低了摩擦系数及噪声，减小了配用动力，很大程度上降低了使用和维修成本，起到节能作用。该机器有揉捻时间短、成条率高、破碎率低等优点，适于大中型初制茶厂的揉捻作业。多数黑茶品种初揉阶段均使用40 型、55 型等中小型揉捻机。

単元
2

图 2—1 6CST—139 茶叶杀青机

图 2—2 6CR—55 盘式揉捻机

3）自制普通风选机（见图 2—3）。风选机原理和绿茶精制时所用的风选机相同，只在风力和体积上要大得多。一般采用自制的普通风选机，利用风桶原理对初毛茶进行风选。另外，还可以用风选带传输，利用风机的高速气流分选茶叶。

图 2—3　自制普通风选机

4）**扎梗机**（见图 2—4）。依据对茶梗的不同要求，要对风选出的不符合要求的茶梗进行切扎，此项任务由扎梗机完成，具体有立切机、滚切机等不同设备，具体规格、型号要根据茶产品的生产要求确定。

图 2—4　扎梗机

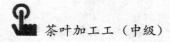

（2）黑茶加工流程

黑茶的鲜叶原料多数比较粗老，揉捻后经过渥堆发酵，或制成绿茶后再经后发酵而使叶色变黑，汤色深浓。黑茶因品种不同，主要加工流程也有区别，具体见表2—1。

表 2—1　　　　　　　　　　　　　主要黑茶加工工艺流程

茶类	加工工艺流程
四川南路边茶	采割鲜叶→杀青→蒸揉→渥堆发酵→干燥→扎堆
湖南安化黑茶	采割鲜叶→杀青→初揉→渥堆→复揉→干燥
湖北老青茶	采割鲜叶→杀青→初揉→初晒→复炒→复揉→渥堆→晒干
贵州六堡茶	采割鲜叶→杀青→揉捻→渥堆→复揉→干燥
云南普洱茶	采割鲜叶→杀青→揉捻→晒干→泼水堆积发酵→干燥

（3）黑茶对原料的要求

鲜叶原料是形成茶叶品质的物质基础。黑茶品质的好坏，同样取决于鲜叶原料的质量和制茶工艺技术。各个黑茶品种对原料鲜叶的要求不尽相同。

1）传统四川边茶。其鲜叶原料从一芽一叶初展到一芽五、六叶的当年生茶树新梢（又称红苔梗）都有。一般来说，一芽四叶以上嫩度的鲜叶按黑茶类原料工艺初制，低于一芽四叶嫩度的鲜叶按绿茶工艺初制。藏茶新产品鲜叶原料嫩度较高，一芽一叶初展到一芽四、五叶不等。

2）湖南黑茶。湖南黑茶也要求有一定的成熟度，一级湖南黑茶要求以一芽三、四叶为主，二级湖南黑茶要求以一芽四、五叶为主，三级湖南黑茶以一芽五、六叶为主，四级湖南黑茶以"开面"为主。

3）湖北老青茶。每年采摘两次，茎梗枝均割采，但不能有枯老麻梗和鸡爪枝。

4）广西六堡茶。鲜叶采摘标准为一芽二、三叶至一芽三、四叶不等。

5）滇桂黑茶。原料老嫩较悬殊，自一芽二、三叶至一芽五、六叶不等。

由于黑茶特殊的品质需求，其鲜叶原料的共同特点是成熟度较高，采割多为夏秋季节，外形粗大，叶形肥厚，含部分红苔梗。

（4）黑茶初制关键技术

黑茶初制与绿茶初制的区别主要有两个：一是黑茶初制从杀青到干燥，每个环节都要保温保湿；二是黑茶独特的渥堆发酵工序，在湿热和微生物的作用下，使茶叶内多酚类化合物发生以氧化聚合为主的一系列生化反应，形成黑茶特有的色、香、味、形，即褐叶红汤、陈醇回甘的独特品质特征。黑茶品种繁多，初制

单元

2

阶段的工艺和共同特点有黑茶鲜叶原料的运输、储存和绿茶一样，一是注意薄摊散热；二是及时加工，存放时间不能超过 12 h。

1) 杀青技术。黑茶鲜叶原料相对较粗老，纤维素和半纤维素含量高，水分含量低。因此，杀青时必须利用高温破坏酶的活性，制止酶促氧化。

①鲜叶要保持一定的水分和湿度，利用水分产生高温蒸气来提高叶温，使其杀匀、杀透。杀青的锅温要高，一般在 220～320℃，使杀青叶的温度迅速升高到 70℃以上，使多酚氧化酶很快失去活性。

②散失水分是杀青的重要作用之一，绿茶所用鲜叶的含水量在 70%～78%，黑茶的含水量在 62%～66%，黑茶杀青后的水分含量在 55%～58%，因此要在高温下散失水分。

③每锅投叶量大，吸收热量多，利于形成高温水蒸气的环境条件，以破坏叶绿素，产生叶绿酸等物质，形成杀青叶色泽偏黄的品质特征。

④散失低沸点的香气物质，显现高沸点的香气物质。低沸点的香气物质多带有青草气等不愉快的气味，而高沸点的香气物质多带有花香，是构成茶香的主要物质。

⑤杀青要高温、短时，以破坏酶的活性，制止酶促氧化，保留较多的有效成分。使细胞纤维素和半纤维素在高温下软化或水解，促进茶叶品质的形成，如多糖分解成水溶性的双糖和单糖；蛋白质分解成氨基酸；酯性儿茶素分解成简单儿茶素；氨基酸转化成醛、酮等香气物质等。

⑥黑茶杀青使鲜叶升温，便于出锅进入发酵工序时有一个较高的起始温度，加快发酵进程，缩短发酵时间，提高发酵质量，使发酵更均匀。

黑茶杀青过程在高温高湿的作用下，鲜叶内部产生一系列与绿茶相似的生化反应。叶绿素受到较大的破坏，叶色发生变化。同时有相当一部分物质发生氧化聚合，所以水浸出物比重有下降趋势。叶内水分受高温作用有所散失，黑茶杀青后水分减少 4%～7%，而绿茶杀青后水分减少 15%～20%。

2) 揉捻技术。黑茶要通过揉捻使叶片成型，还要利用揉捻来破碎茶叶细胞，让茶叶细胞的内含物质暴露出来，能有效溶解于水。由于鲜叶原料成熟度不同，含水量不同，因此揉捻方法也有所不同。黑茶鲜叶原料粗老，叶片纤维素含量和角质化程度较高，揉捻时弹性大，塑性差，成条松散，揉捻程度轻而细胞破碎率低，重压和长时间揉捻会出现碎断增多。因此，黑茶揉捻要求外形折叠卷曲就行了。

黑茶揉捻的主要特点是趁热揉捻。高温杀青后，叶片受湿热的蒸闷作用，细

单元
2

胞组织中的纤维素、半纤维素和果胶物质部分分解为水溶性物质，使组织软化，并带黏性。杀青叶出锅后，马上投入揉捻机进行揉捻，叶温一般为 50～60℃，揉捻后下降到 40℃左右下机堆放，否则杀青叶水分散失，水溶性果胶随水分和热的散失而凝固变性，叶片变硬，不易成条，还会产生大量碎片。因此，黑茶无论初揉或复揉，都要趁热进行。

黑茶揉捻的另一特点是短时、轻压、慢揉。使用揉捻机，采用短时、轻压、慢揉均能获得良好的效果。如果压力使用不当，或转速过快，不但使茶汁流失，还会使叶片断碎，剥皮梗及丝瓜瓢叶增多，而且大部分叶片不会折叠成条，影响品质。揉捻后的茶坯一般不经解块散热，立即进行渥堆，以利迅速提高堆内温度。

3）渥堆（发酵）技术。它是黑茶加工的核心技术。在湿热和微生物的作用下，使茶叶内多酚类化合物发生以氧化聚合为主的一系列生化反应，是形成黑茶色、香、味独特品质的关键环节。黑茶渥堆又有"闷堆""沤堆""扎堆"等习惯称谓，实质上黑茶渥堆就是发酵。黑茶品种不同，渥堆方式也有区别，有湿坯渥堆（发酵），如四川边茶康砖、金尖、湖南黑茶、广西六堡茶等；有毛茶干坯渥堆（发酵），如湖北老青茶和四川茯砖等品种。

多酚类化合物的氧化速度与渥堆（发酵）过程中温度高低、时间长短有关。渥堆（发酵）温度过高，时间太长，会使毛茶香气低、滋味淡、汤色红暗；反之，渥堆（发酵）温度过低，时间太短，也会造成多酚类化合物氧化不足，毛茶香气粗青，滋味苦涩，汤色黄绿，不符合黑茶品质要求。可见，渥堆（发酵）是激烈的质变过程，其变化是复杂的，是决定黑茶品质的关键性工序。

渥堆（发酵）的主要作用因素有：一是水分。水分过低，茶叶叶片不柔软，空隙大，透气多，水分和热量易散失，发酵不均匀。水分过高，透气差，氧气不足，茶叶易变稀和发黑腐烂。因此，水分不足要通过洒水或蒸茶增加水分，水分过高要采取吹风、翻堆、晒、烘、炒等方式散失水分。二是热力。热力的作用是提高茶叶物质分子运动速度，提高反应概率，同时为微生物生长、繁殖提供条件。发酵初始为 40℃左右，逐步达到 65～70℃，以 60～65℃为宜。温度过低，可覆盖麻袋、棕毡等保温。温度过高，俗称"烧仓"，可通过翻堆散热降温。三是微生物。以真菌中的霉菌、酵母菌和细菌为主，作用突出的是青霉、灰绿曲霉、黑曲霉、冠突曲霉、黑根霉、米根霉等。真菌在生长中产生的有机酸可使很多物质分解，真菌分泌的过氧化物酶和过氧化氢酶能使茶多酚氧化成茶黄素和茶红素。

4）干燥技术。黑茶干燥工艺的作用是散失水分，杀死微生物，中止发酵过程，还有去除霉味、馊酸味等不正常气味，突出香气和增加叶片光泽的作用。干燥的原理是通过提高茶叶及周围环境的温度，使茶叶中水分子运动加快，周围环境的水分不饱和度提高，茶叶得到干燥。干燥有3种方法。

①炒干或烘干。利用人工热源对茶叶加热，其特点是干燥温度高、速度快、效率高。叶温达到80℃左右，有利于散失霉味、酸馊味和青草气，成茶香气好。缺点是干燥过程快，叶肉含水量低于叶脉、梗、果，形成含水量不均匀；温度过高易产生烟焦味，影响茶叶的质量。

②晒干。日晒干燥的特点是方便、节能，水分能降到较低水平，不易产生烟焦味。日光作用下茶叶中的儿茶素氧化成茶黄素、茶红素，对成茶的色泽非常有利。缺点是气候因素影响大，杀灭微生物的效果和挥发异味的作用差，成茶香气不如炒干好。

③自然干燥。利用通风散热散失水分，干燥方法简单易行。但速度较慢，各方面影响因素较多，通常作为辅助干燥手段。

二、形成红茶的基本过程

红茶是以适宜制作红茶的茶树品种芽叶为原料，经萎凋、揉捻（揉切）、发酵、干燥等工艺过程制作而成的。因干茶色泽和冲泡茶汤以红色为主调，故名红茶。红茶在加工过程中发生了以茶多酚酶促氧化为中心的化学反应，鲜叶中的化学成分变化较大，其中茶多酚减少90％以上，产生了茶黄素、茶红素等新的成分。香气物质从鲜叶中的50多种增至300多种，一部分咖啡因、儿茶素和茶黄素络合成滋味独特的络合物，从而形成红茶、红汤、红叶和香甜味醇的品质特征。

1. 红茶概述

红茶起源于16世纪。在茶叶制造发展过程中，发现日晒代替杀青、揉捻后叶色红变而产生了红茶。最早的红茶生产从福建崇安的小种红茶开始。红茶于1876年开始生产，是中国的传统产品，也是中国出口的主要茶类之一。20世纪80年代，我国红茶生产占茶叶总产量的1/4，出口量约占全国茶叶出口总量的半数以上。我国红茶有小种红茶、工夫红茶、红碎茶三种。

红茶是全发酵的茶类，鲜叶经萎凋、揉捻（揉切）、发酵、干燥等工序加工，制出的茶叶，汤色和叶底均为红色，故称为红茶。

单元 2

2. 形成过程

各种红茶的品质特点都是红汤红叶，色、香、味的形成都有类似的化学变化过程，只是变化的条件、程度上存在差异而已。

红茶对鲜叶原料的要求除小种红茶要求鲜叶有一定成熟度外，工夫红茶和红碎茶都要有较高的嫩度，一般是以一芽二、三叶为标准。与采摘季节也有关，一般夏茶采制红茶较好，这是因为夏茶多酚类化合物含量较高，适制红茶。

3. 红茶初制

红茶加工机械主要由萎凋、揉捻与揉切、发酵及烘干4种设备组成，与红茶初制4道基本工序相呼应。红条茶，其初制的揉捻机械也与绿茶通用，没有专用设备。优点是茶机通用性强，揉捻机品种少而适用性广，缺点是专用性弱，适用于绿茶揉捻的揉盘棱骨未能完全符合红茶加工的要求，这也许是工夫红茶的品质未能达到先前传统手工制造的原因之一。

（1）工夫红茶

工夫红茶于1876年开始生产，是中国的传统产品。各产茶省的产品均有自己的风格，如祁红、湘红、闽红、川红、滇红等。下面以川红为例介绍工夫红茶的初制工艺。

1）品质特征。一般由细嫩的鲜叶制成的毛茶，条索紧细，锋苗好，色泽乌润；内质汤色红亮，香味浓爽醇厚，叶底红匀艳亮。

2）原料要求。由以一芽二、三叶为主和同等嫩度的单片叶和对夹叶组成。

3）生产工艺。工夫红茶、红碎茶和小种红茶制法大体相同，都有萎凋、揉捻、发酵、干燥四道工序，其中小种红茶有过红锅和熏烘工序。

①萎凋。萎凋是红茶初制的第一道工序，也是形成红茶品质的基础工序。萎凋是指进厂鲜叶经过一段时间失水，使一定硬脆的梗叶呈萎蔫状况的过程。萎凋既有物理方面的失水作用，也有内含物质的化学变化的过程。萎凋的方法有自然、日光、萎凋槽、萎凋机、加温萎凋等。目前多采用萎凋槽萎凋，应掌握好温度、风量、摊叶厚度、翻抖、萎凋时间等外部条件。

a. 温度。萎凋温度掌握在35℃左右，可获得较好的萎凋质量和生产效率，在萎凋过程中，为使萎凋叶失水均匀，可每隔1 h停止鼓风10 min，达到萎凋基本适度时，在下叶前10～15 min停止加温，只鼓冷风，降低叶温。

b. 风量。风量大小应根据叶层厚薄和叶质柔软程度，加以适当调节。

c. 摊叶厚度。掌握嫩叶薄摊、老叶厚摊的原则，保持厚薄、松软一致，以利于通风均匀。

d. 翻抖。为使萎凋叶均匀失水和加速萎凋，以每小时停风翻抖一次，增加叶层间通气性。

e. 萎凋时间。一般达到萎凋适度的时间在 8～12 h。

主要根据萎凋叶的物理特征来判断萎凋是否适度，即叶形萎缩，叶质柔软，茎脉失水而萎软，曲折不易脆断，手捏叶片有柔软感，无摩擦响声，紧捏叶子成团，松手时叶子能够松散，叶色转为暗绿，表面光泽消失，鲜叶的青草气减退，透出萎凋叶特有的清香。

②揉捻。揉捻是工夫红茶塑造优美的外形和形成内质的重要工序。揉捻技术和投叶量可参照大宗绿茶的加工方法。揉捻充分是发酵良好的必要条件。如揉捻不足，细胞破坏不充分，将使"发酵"不良。一般检查揉捻程度，以细胞破坏率达 80% 以上，叶片 90% 以上成条，条索紧卷茶汁适当外溢，黏附于叶表面，用手紧握揉捻叶，茶汁溢出但不成滴流为宜。

③发酵。发酵是形成红茶色、香、味品质特色的关键性工序。良好的发酵才能形成较多的茶黄素和茶红素。具体方法为：主要以温度（以气温 24～25℃、叶温 30℃ 为宜）、湿度（在 90% 以上）、氧气（发酵场所必须保持空气新鲜流通）满足茶多酚酶性氧化聚合反应的需要。时间从揉捻开始计算，一般在 3～5 h（以叶质老嫩、揉捻程度、发酵条件而定）。

发酵标准：以青草气消失，出现一种新鲜、清新的花果香，叶色红变（春茶黄红色，夏茶红黄色，老叶红里泛青），即为适度。

④干燥。干燥是决定品质的最后一道工序，干燥常采用烘干（烘笼和烘干机），一般分两次进行（毛火、足火），目前多采用烘干机烘干。自动烘干机操作技术参考指标见表 2—2。烘干技术主要掌握温度、风量、时间和摊叶厚度四个因素。

表 2—2　　　　　　　　自动烘干机操作技术参考指标

烘次	进风温度/℃	摊叶厚度 / cm	烘干时间 / min	摊晾时间 / min	含水量 / %
第一次	110～120	1～2	10～15	40～60	20～25
第二次	85～95	3～4	15～20	30～35	4～5

a. 温度。以进风口温度毛火 110～120℃、足火 85～95℃ 为宜，不超过 100℃，毛火与足火之间的摊晾不少于 40 min。

b. 风量。毛火风量宜大，足火宜小，以排出湿气，保证烘时品质的形成。

c. 时间。毛火应掌握高温、短时的原则，以 10～15 min 为宜；足火低温慢烘，以 15～20 min 为宜。

d. 摊叶厚度。掌握在毛火薄摊、足火厚摊、嫩叶薄摊、老叶厚摊、碎叶薄摊、条状或粗叶厚摊的原则。

干燥程度：毛火茶含水量 20%～25%（生产经验掌握达七八成干），足干茶含水量 4%～6%（手捏茶条成粉末）。

（2）小种红茶

小种红茶的原产地就在武夷山市星村镇桐木关一带。小种红茶以福建崇安县星村桐木关所产的品质最佳，称为"正山小种"或"星村小种"。正山小种之"正山"，表明是真正的"高山茶地区所产"之意，原凡是武夷山中所产的茶，均称为正山，而武夷山附近所产的茶称为外山（人工工夫烟小种），因此桂圆味的正山小种在市场上独树一帜，故正山小种又称为"星村小种"，以区别武夷山区以外所产的小种。

1）品质特征。正山小种红茶外形条索肥实，色泽乌润，泡水后汤色红浓，香气高长带松烟香，滋味醇厚，带有桂圆汤味，加入牛奶茶香味不减，形成糖浆状奶茶，汤色更为绚丽。

2）原料要求。鲜叶采摘标准一般采开面三、四叶，无毫芽，采摘时间较迟，一般在 5 月上中旬开采。

3）制作工序。鲜叶经萎凋、揉捻、发酵、过红锅、烟干、复火制成红茶。

①萎凋。有室内加温萎凋和日光萎凋两种，主要产区为福建省崇安县星村一带，在 4—5 月因阴云多雨，因此以室内加温萎凋为主，日光萎凋为辅。

a. 室内加温萎凋（焙青）。焙青有专用的焙青间，焙青间为上、下两层的楼房，上层为楼架，设隔木横档上铺竹席，离隔木横档下面 30 cm 左右处，高有吊架，架上安置水筛，以摊叶烟烘之用。萎凋时将鲜叶铺在隔木横档的青席上，摊叶厚度 3 cm 左右。加温的方法为：在楼下地面上每隔 1～1.5 m 烧一堆松柏柴，加温时焙青间窗门关闭，保持室内温度在 28～30℃，如果萎凋和烟烘作业同时进行，则要注意提高松枝燃烧发烟浓度，每隔 15～30 min 翻拌一次，直到萎凋达到适度为止，需 1.5～2 h。

焙青间由于烟雾弥漫，影响人体健康，同时操作不方便，现改用萎凋槽，加热炉灶燃烧松柴，用鼓风机将炉内带有烟粒的热空气直接鼓过槽内，进行萎凋。有的利用坑道加温萎凋，即在焙青间室外附近地势较低处，建一简易炉灶，燃烧松枝，利用自然通风，通过坑道把热空气和烟输送到室内，这样室外一烧火，室内多苗烟，楼下黄烟烘干，烘干楼上加温萎凋。其优点是调和利用，节省劳动力，操作方便，生产安全。但缺点是发烟浓度以及传统的熏烟方法，有待于进一步改进。

b. 日光萎凋。在茶厂附近的场外搭起高 2.5 m、宽 4 m 的晒青架，架上面用厚竹片编成水平的顶棚，上铺竹席摊叶，摊叶厚度 2.5～3 cm，萎凋过程中翻拌 1～2 次，使萎凋均匀。萎凋过程则视时间长短和日光强弱灵活掌握，日光强需 20～40 min 即可，日光较弱需 1～2 h。

当鲜叶老嫩不一，日光较强的情况下，很难萎凋均匀，为达到均匀一致，在萎凋一段时间后，将叶子移入室内进行晾青，然后再在室内摊开萎凋一段时间，当鲜叶失去原有色泽，叶脉呈透明状态，叶梗萎软则完成萎凋过程。

②揉捻。一般采用揉捻机，揉捻 90 min 左右，分两次进行，中间进行解块筛分一次，揉至叶汁溢出，叶卷成条即可。

③发酵。将揉捻叶装在箩筐中稍加压紧，盖上用温水浸过的温湿布，以保持发酵叶含水量和提高温度。在气温低时，把箩筐搬到加温萎凋的青楼上提高叶温，促进酶解活化。一般经 4～5 h，没有青臭味，发出芬芳的滋味，80% 以上发酵叶呈红褐色即可过红锅。

④过红锅。过红锅是小种红茶制造过程中的特殊方法，是提高小种红茶香味的重要技术措施。它的作用是利用温变迅速破坏酶的活性，适时停止发酵，保留较多的活性多酚类化合物不再继续氧化，使茶汤鲜浓而甜醇，叶底红亮，提高香味。当锅温高至 200℃ 左右时（锅发红），投入发酵叶 1～1.5 kg，迅速翻炒 2～3 min（不超过 5 min），当叶子受热变软即可出锅。叶子出锅后趁热揉 8～10 min，揉出茶汁，条索整洁，即可进行解块，及时烘焙。

⑤烟烘和复焙。烟熏干燥是小种红茶制法的特点，是形成带高松柏烟香和桂圆汤色滋味的品质风味的过程。将复揉叶分别放在水筛上，每筛 2～2.5 kg，叶层厚 5 cm，摊好后将水筛放在吊架上，下烧火熏烟进行干燥，开始火要小，烟要浓，以提高熏烟质量。熏干过程中不用翻叶摊晾，经 8～12 h，茶叶手捻成粉末即可下筛。

干燥后用 1～4 号筛进行分筛，划分出 1～4 号茶，并簸去黄片茶末，拣去茶梗、老叶片，使外观整齐美观。

把拣好的各号茶分别进行大堆复火。楼下烧松柴加热，但火温不宜过高，进行低温慢烘。烘毛茶火功足、香高，当含水量不超过 8% 时，即下烘摊晾收藏。

单元 2

（3）红碎茶

我国红碎茶生产较晚，始于20世纪50年代后期。近年来产量不断增加，质量也不断提高。红碎茶的制法分为传统制法和非传统制法两类。传统红碎茶以传统揉捻机自然产生的红碎茶滋味浓，但产量较低。

非传统制法的红碎茶分为转子红碎茶（国外称洛托凡红碎茶）、C.T.C红茶和L.T.P（劳瑞制茶机）红碎茶。如以C.T.C揉切机生产红碎茶，彻底改变了传统的揉切方法。萎凋叶通过两个不锈钢滚轴间隙的时间不到1 s就达到破坏细胞的目的，同时使叶子全部轧碎为颗粒状。为了发酵均匀而迅速，所以必须及时进行烘干，才能达到汤味浓强鲜的品质特征。

以不同机械设备制成的红碎茶，尽管在其品质上差异悬殊，但其总的品质特征，共分为4个花色。

1）叶茶。传统红碎茶的一种花色，条索紧结匀齐，色泽乌润，内质香气芬芳，汤色红亮，滋味醇厚，叶底红亮多嫩茎。

2）碎茶。外形颗粒重实匀齐，色泽乌润或泛棕，内质香气馥郁，汤色红艳，滋味浓强鲜爽，叶底红匀。

3）片茶。外形全部为木耳形的屑片或皱折角片，色泽乌褐，内质香气尚纯，汤色尚红，滋味尚浓略涩，叶底红匀。

4）末茶。外形全部为砂粒状末，色泽乌黑或灰褐，内质汤色深暗，香低味粗涩，叶底暗红。

红碎茶产区主要是云南、广东、海南等，红茶出口量占我国茶叶总产量的50％左右，客户遍布60多个国家和地区。其中销量最多的是埃及、苏丹、黎巴嫩、叙利亚、伊拉克、巴基斯坦、英国及爱尔兰、加拿大、智利、德国、荷兰及东欧各国。

三、黑茶、红茶精制

精制则将长短粗细、轻重曲直不一的毛茶，经筛分、整形、审评定质、分级归堆，同时为提高干度，保持品质，便于储藏和进一步发挥茶香，再行复火，拼配，成为形质兼优的成品茶。茶叶精加工与其他食品加工一样，其产品必须符合消费者的要求。长期的饮茶习惯，使商品茶形成了一定的品质规格。但是，各地生产的毛茶，由于鲜叶采摘和初加工欠精细，存在老嫩不匀、长、圆、粗、细规格不一，筋、梗、朴、片混杂的现象。这就影响了茶叶外形的美观和内质的纯净，不符合消费者的要求，必须经过精加工，使之成为一定规格的商品茶，这便是精加工的目的。

1. 黑茶精制

黑茶精制是指对初制后的原料茶经过整理、拼配、蒸压、包装等工序将原料茶制作成为成品茶的过程。黑茶生产机械因生产茶类品种不同而不同，同时，目前黑茶生产机械尚不统一，各地均按生产品种定制加工机械。

黑茶精制流程如下：

（1）整理

整理原料茶包括筛分、风选、拣剔、切铡等工序，去除原料茶中不符合质量标准的茶梗和杂质；然后按照质量、分等级入仓存放。原料茶整理还有散发霉、烟等不正常气味，调整含水量等作用。

（2）拼配

拼配是成品茶加工的重要工艺，是茶叶质量管理的重要组成部分。按照成品茶等级、标准的不同要求，对分类、分级入仓存放的毛茶、条茶、尖茶、茶梗等配料，按品质、重量进行比例搭配、拌和。通过拼配提高茶叶品质、稳定茶叶质量。不符合拼配要求的原料茶，要通过筛、切、选、复火等措施，使其符合要求。拼配首先要根据品质、生产标准、消费需求制定拼配方案，先试样，达到标准后再拼大堆，按样生产。

（3）蒸压

首先将拼配好的原料茶进行称重计量。称茶目的是准确付料，保证产品单位重量符合要求。湖南黑茶称重后还要加入茶梗、茶果熬制的茶汁，以利于黄霉菌生长。通常蒸汽温度在100℃左右，蒸茶4～6 s。蒸茶时间过长，原料茶变软，易压紧，但水分难以散发，易产生烧心霉变；蒸茶时间不足，原料茶没有充分软化，不易压紧。边茶光电蒸茶箱（见图2—5）采用光电控制，通过调节蒸汽流量大小和蒸茶时间长短控制所蒸茶叶的温度和含水量，以符合春包压制的需求。

高温汽蒸的目的是吸收一定的蒸汽湿热，促使茶坯变软，便于压造成型；同时通过温湿作用，促进茶叶内所含物质进一步转化，达到产品外形色泽黑褐油润、汤色褐红橙黄、香味醇和不涩、叶底黄褐均匀的要求。

蒸茶后要迅速将蒸好的茶倒入压制模具。黑茶产品都需要经过压制成型，使茶在压模内冷却，紧固成型。有的用木盯装匣，装匣时要边角饱满，使成品边角紧实，装完第一片后盖上铝板，推至预压机下进行预压后，然后装第二片，盖上盖板，推至大压机下压紧上闩。四川边茶压制又称为春包。通过春包机将原料茶

图 2—5　边茶光电蒸茶箱

压紧成为茶砖。夹板锤式春包机如图 2—6 所示。春包机又称为"架子"，分为单动式和双动式。四川雅安研制的夹板锤式春包机，是南路边茶生产的重要机械。采用偏心轮运动作用，带动春棒上下运动，利用冲击力将模具中的茶叶压制成型。该设备速度快、效率高，省时省力。

单元 2

图 2—6　夹板锤式春包机

（4）包装

压制后的茶砖要经过冷却定型、干燥包装，便于长途运输和储藏保管。冷却时间一般为 20～25 h。茶砖一般采用烘干，进入烘房后侧立于烘架上，砖的间距为 2 cm 左右，干燥采用间接加温。茯砖茶有干燥发花过程，又称"发金花"。由于茯砖采用叶质粗老的原料，发花后粗老味消除，产生一定的特殊芳香，改进品质。发花过程中，生长的黄霉菌是一种真菌，分泌淀粉酶和氧化酶，使淀粉转化为糖，促进多酚类化合物氧化。老叶含糖多，所以，黄霉菌在老叶中繁殖比在嫩叶中繁殖好。这就是茯砖原料要求有一定成熟度的原因之一。待烘房内茶砖含水量降到 13％左右，停止上火，冷却后茶砖退出。

对冷却干燥的茶砖，按照品质规定进行检查验收。主要检查重量、厚薄是否一致，四角是否分明，砖面是否有龟裂或起层脱面现象。发现不合格者，必须复制。合格的就用商标纸逐片包装，送库房堆码存放。

（5）检验

成品茶经检验合格进入成品库。黑茶产品制成后内质都会继续发酵转化，称后发酵。进入成品库要小垛码放，促进通风和自然后发酵。

2. 红茶精制

红茶虽有红条茶（如工夫红茶、小种红茶等）与红碎茶之分，其精制加工机械基本上与绿茶精制机械通用，只是筛网配置与个别运行参数略有调整。

红茶精制因品种不同（如条形的工夫红茶、颗粒性的红碎茶等），所使用的机械与精制方法略有不同。一般条形红茶的精制方法与大宗条形绿茶精制方法相似，即红毛茶制成后，必须精制，精制工序经毛筛、抖筛、分筛、紧门、撩筛、切断、风选、拣剔、补火、清风、拼和、装箱而制成。而颗粒性的红碎茶因其体型小，吸湿力强，毛茶应及时付制，做到快制、快运，以减少储运中品质下降。由于国际市场对切细红茶规格只要求叶、碎、片、末 4 个类型分明，在筛制程序、成品拼配上都比工夫红茶简单。如以云南切细红茶为例，精制程序为毛茶、毛分、紧门、分筛、风选、手拣、拼堆、装箱等。

四、代表性的地方毛茶简介及加工技术

1. 四川边茶"康砖"和"金尖"

四川边茶以南路边茶为主。南路边茶品质优良，色泽褐黑油润，汤色褐红明亮，滋味醇和悠长，加入酥油、盐、核桃仁末等搅拌而成的酥油茶，是民族同胞的生活必需品。竹篾条包砖茶是传统南路边茶的另一显著特点。传统南路边茶品种较多，有毛尖、芽细、康砖、金玉、金仓、金尖等。现在主要品种是康砖茶、金尖茶等。

（1）原料要求

康砖、金尖原料全部采用四川中小叶种茶树鲜叶，成茶滋味浓醇，苦涩味轻。传统原料是用特制的"茶刀子"采割。现在一般采用手采、剪采或机采。原料采摘主要有两种类型：

1）一细一粗。清明至谷雨前采摘的鲜叶用于制作名优茶、藏茶；谷雨后停采养梢至立秋前后，再剪采或机采当年生新梢（又称红苔梗）制作做庄茶，其品质良好。

2）修剪枝叶。茶园经2～3轮采收名优茶、藏茶原料，夏秋季修剪茶蓬枝叶制作边茶原料，其品质稍差。

传统南路边茶分为本山茶、上路茶、横路茶、条茶、撒茶等。本山茶产于雨城区周公山一带，每年于端午节前后和白露前分两次留桩3～5 cm采割作边茶原料，品质最好；上路茶产于雨城区大河、严桥、中里等山区，每年于大暑至立秋之间采割一次，留桩3～5 cm，其品质次于本山茶；横路茶产于名山、天全、荥经、洪雅、峨眉等县，这些茶区多实行粗细兼采，即春季采细茶、大暑至立秋前采粗茶；条茶是制作砖茶的主要原料，每年谷雨后、端午节前采割；撒茶，清明后、立夏前采收一芽二至四叶，属细茶类。

金玉茶或毛庄茶原料为四川其他市县（如乐山、洪雅、宜宾、巴中等地）的粗茶原料。

（2）产品规格

1）康砖茶。为长方体茶砖（见图2—7），洒面茶用3～5级绿茶，里茶主要用做庄茶，配以适量的条茶（级外绿茶）和嫩茶梗舂制而成。茶砖外形尺寸16 cm×9 cm×4.5 cm，允许误差±1 cm，每砖重0.5 kg；竹篾条包，每条20砖，净重10 kg。条包外形尺寸96 cm×16 cm×9 cm，允许长度误差±2 cm。主销西藏拉萨、日喀则、青海玉树等地区。

2）金尖茶。为长椭圆体茶砖（见图2—8），主要用做庄茶、复制做庄茶配以适量的茶梗、茶果壳舂制而成。茶砖外形尺寸25 cm×17.8 cm×10.5 cm，允许误差±1 cm，重2.5 kg；竹篾条包，每条4砖，净重10 kg。条包外形尺寸100 cm×17.8 cm×10.5 cm，允许误差±4 cm。主销四川省三州、青海玉树和

单元 2

图2—7　康砖茶砖和茶包

西藏昌都等地区。

图2—8　金尖茶砖和茶包

（3）加工技术

康砖茶、金尖茶加工分为初制、精制两个阶段。

1）初制。康砖、金尖原料茶分两类。一类是以绿茶类原料再加工的绿茶类，初制时不进行发酵，称为"毛庄茶"或"金玉茶"；复制时发酵，称"复制做庄茶"。另一类是以黑茶类原料为主的再加工茶类，初制时就要经多次蒸揉、渥堆发酵，然后干燥，称为"做庄茶"。

①绿茶类原料的初制。三、四级绿茶作为康砖茶的洒面茶，条茶作为康砖茶的里茶配料用量最大。绿茶、条茶原料一般用夏秋茶一芽四、五叶鲜叶初制而成。

绿茶的初制工序为杀青→揉捻→干燥。

a. 杀青。分手工杀青和机械杀青。手工杀青用平锅或斜锅，以柴火为燃料。杀青锅温 220～260℃，投叶量 1.5～2 kg。鲜叶下锅立即进行翻炒，开始以焖炒为主，经 1～2 min 叶温达到 70～80℃时开始抖炒，叶温下降后焖炒半分钟左右，改为抖炒，直到杀匀杀透。随着水分散失，杀青温度下降，叶色变为暗绿色，嫩梗折不断，青草气散去，立即出锅摊晾。

现在普遍采用机械杀青，主要机械有 90 型瓶炒机或 120 型瓶炒机。杀青锅温 300～320℃，投叶量 90 型 15 kg、120 型 40 kg。杀青方法仍然抖焖结合，先焖后抖，出锅标准与手工杀青相同。瓶炒机杀青要避免焖炒过度，否则杀青叶发黄，茶叶出现水闷味。杀青要"看茶制茶"，灵活掌握"高温杀青、先高后低、抖焖结合、多抖少焖"的原则。

b. 揉捻。揉捻分手揉和机揉。手工揉捻一般采用"推揉"，也有"团揉"的。根据杀青叶的嫩度、含水量，决定揉捻的温度、力度和揉捻时间。现在通常采用机械揉捻。常见的揉捻机有 CR－50 型和 CR－265 型。机揉方法是将摊晾冷却的杀青叶倒入揉捻机的揉桶，盖上揉桶盖，在不加压的情况下轻揉几分钟，然后加压揉 10 min，松揉 3 min 解块，再加压揉捻 10～12 min，再松揉 3 min 后出茶解块摊晾。

c. 干燥。根据干燥方法不同，绿茶类原料分炒青、烘青和晒青三种。炒青绿茶使用锅炒干燥，烘青绿茶使用焙笼或烘干机烘干，晒青绿茶利用太阳晒干。炒青绿茶用锅手工炒干。经过杀青、第一次揉捻的揉捻叶放入锅内炒制称为炒二青，二揉叶入锅称为炒三青。

②做庄茶的初制。康砖、金尖的主要配料是做庄茶，占配料总量的 60% 以上。传统做庄茶的初制工艺是：杀青→第一次渥堆→第一次拣梗→第一次晒茶（干燥）→第一次蒸茶→第一次蹓茶（揉捻）→第二次渥堆→第二次拣梗→第二次晒茶→第二次蒸茶→第二次蹓茶→第三次渥堆→第三次晒茶→筛分→第三次蒸

茶→第三次蹓茶→第四次渥堆→第四次晒茶。即一炒（杀青）、三蒸、三蹓、四堆、四晒、二拣梗和一筛分，共18道工序。

a. 杀青。手工杀青可用专用杀青斜锅或平锅杀青。杀青方法有两种。一是间隙杀青法，锅温升高到260～280℃时，每次投入10 kg左右鲜叶，用木叉不断翻炒，先焖炒，后抖炒；抖焖结合，多焖少抖。当叶温升高到70℃以上时，叶质变软，叶面失去光泽，含水量下降到58%左右，表明已经杀透可以出锅。二是连续杀青法，锅温升高到280℃时，投入10 kg左右鲜叶，杀透后将一半杀青叶出锅，留一半在锅内，再投入5 kg左右鲜叶做"包心"，使鲜叶很快升温，可以提高杀青效率。缺点是杀青不均匀，易产生烟焦和炭化，影响茶叶质量。由于做庄茶鲜叶原料较粗老，含水量65%～70%，导热性差，加上投叶量大，不易杀匀杀透。因此，杀青时可向锅里洒少许水，产生大量蒸汽，利用水蒸气穿透力使杀青更均匀、更透彻。

b. 渥堆。渥堆发酵是关键技术，要重点掌握。南路边茶的渥堆发酵有别于其他茶类。按发酵工艺的顺序分，属后发酵茶；按发酵的次数分，属多次发酵茶；按发酵的程度分，属重发酵茶。其茶多酚高度氧化的产物茶褐素含量和其他物质的转化程度高于其他黑茶，形成特有的色、香、味、形。

渥堆要求在环境清洁、避风、无污染、无阳光直射的室内进行，有自然渥堆和加温保湿渥堆两种方式。自然渥堆是将揉捻叶趁热堆高1.5～2 m，经2～3天，堆面上有热气冒出，堆内温度上升到60℃左右时，翻堆一次。将表层堆叶翻入堆心，重新整理成堆，堆温不超过65℃，否则"烧堆"变黑。翻堆后2～3天，堆面又出现水珠时，堆温再次上升到60～65℃，叶色转变为黄褐或棕褐色，渥堆效果显现。

加温保湿渥堆在渥堆房中进行，室内温度保持在65～70℃，相对湿度保持在90%～95%，空气流通良好。毛茶含水量在28%左右时，渥堆过程只需36～38 h，不仅时间短，而且渥堆质量好，提高水浸出物2%左右。

渥堆分四次完成，其工艺状况对照见表2—3。第一次在杀青叶出锅后，趁热扎堆，注意保温，每堆高1.5～1.7 m，堆面覆盖棕垫或麻袋保温。渥堆时间根据堆的大小和天气、温度确定，一般6～12 h。第一次渥堆主要让梗叶分离，便于拣梗。第二次渥堆在第一次蒸揉（蹓）以后，将蒸揉叶直接趁热扎堆，以形成南路边茶特有的色、香、味。扎堆大小、保温保湿，同第一次发酵。时间一般24～48 h，根据气温、堆子大小和堆心温度变化确定。如气温高，堆子大，发酵转色就快，所需时间就短，反之所需时间就长。第三次渥堆在第二次蒸揉以后进

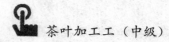

茶叶加工工（中级）

行，目的是加深发酵程度，并使之更均匀。第四次渥堆在第三次蒸揉以后进行，作为前三次的补充。第四次渥堆揉捻叶含水量较低，约24%，发酵强度明显减弱。如前三次发酵程度较高，第四次就可以弱一些，一般在12～20 h即可。如前三次发酵不足，第四次就要延长渥堆时间来补充，可达72 h。渥堆过程中一定要随时观察其变化，在气温低、堆子温度达不到50℃以上时要注意保温。如气温高、堆子温度达到75℃时要及时翻堆散热，减缓发酵，否则会发酵过度，俗称"烧仓"，叶变黑，甚至腐烂变质，有的还炭化，完全无饮用价值。

表2—3　　　　　　　　　　渥堆发酵工艺状况对照表

项目	杀青后渥堆	第一次蒸馏后渥堆	第二次蒸馏后渥堆	第三次蒸馏后渥堆
所需时间/h	12	24	24	24
室温/℃	22～30	20～29	21～30	21～28
堆内温度/℃	60～32	85～75	82～70	80～60
堆外温度/℃	40～32	55～35	50～32	50～30
茶叶含水/%	56.8	44.9	31.9	24
发酵程度	堆内大部分叶色变黄，少部分带浅棕，堆外黄色或暗绿色	堆色浅揭，有老茶香，堆外黄色或浅棕色	堆内棕褐色，老茶香味浓，堆外浅棕褐色	堆内油褐色，老茶香味浓，堆外棕色

单元 2

　　经过四次渥堆发酵，茶叶色泽棕褐油润，俗称"猪肝色"或"偷油婆色"；条索呈"鱼儿形"或叫"辣椒形"；香气纯正，陈香，无青草气和土腥气；滋味醇和，回甜，无苦涩味；汤色褐红明亮；叶底均匀。渥堆后的茶坯含水量30%以上，必须干燥处理，使含水量达到12%～14%，才能固定品质，防止变质。

　　c. 蒸茶。传统用木制茶甑蒸茶，将茶叶装入木甑，盖上甑盖，放在沸水蒸锅上蒸10～25 min，叶温达到95℃以上，茶梗上的叶片用力抖动会自动分离，即可出甑。第二次、第三次蒸茶，见甑口出蒸汽，甑盖有蒸馏水下滴（即蒸透）。如蒸茶时间不足，温度不够，叶片含水量不够，茶叶不柔软难以揉条，细胞破碎率不高，茶叶水浸出物低，不利于渥堆，影响质量。蒸茶时间过长，茶叶含水量偏高，茶叶中有效物质随茶汁流失；叶片过热会造成叶肉和叶脉分离，揉捻时易成"丝瓜瓢"；含水量偏高易发酵过度。

　　常见蒸茶锅灶有三种：第一种是普通做饭用的锅灶；第二种是专用于蒸茶的锅，上放木板封盖，木板上有一至两个孔；第三种是"瓮子锅"。三种锅灶的蒸茶效率相差悬殊。

　　d. 揉捻。传统工艺叫蹓茶，通常在蹓板上进行。现在多数采用机揉，分两次进行。鲜叶杀青后，趁热初揉，使叶片与茶梗分离，不加压，揉 1～2 min 即可。揉捻后，茶坯含水量为 65%～70%，经过初干，使含水量降到 32%～37%，趁热进行第二次揉捻，时间 5～6 min，边揉边加轻压，以揉成条形而不破碎为度。

e. 拣梗。为了保证产品质量，必须把长于 10 cm 的茶梗剔除，称为拣梗。拣梗分两次，第一次是在第一次渥堆后，叶片大部分和茶梗分离；第二次是在第二次渥堆后，拣去第一次没拣完的茶梗。拣梗的方法有筛子捞、手拣、风选、机选等。筛子捞是用大孔竹筛将茶梗筛于筛面，与叶子分离；手拣是双手捧茶，不断翻抖，将茶梗抖于表面后去除。现在用风扇吹选、色选机的比较多。

f. 筛分。将已成条的茶叶和未成条的叶片分离，以保证茶叶的质量和提高生产效率。筛分方法是在第三次晒茶（干燥）以后用专用竹筛将已成形的茶叶和未成形的叶片分离。筛下的部分已基本成条，再经干燥可直接作原料，筛面部分需进入第四次蒸、蹓。

g. 干燥。做庄茶的干燥经 4 次完成。传统干燥方法主要是太阳晒，把渥堆后的茶叶摊放在晒场或晒席上，厚度 10～15 cm。为增加阳光的直射面和散失水分的表面积，应 40 min 左右翻动一次。这种干燥效率高，节能，成本低，但受气候因素的影响很大。其他干燥方法，一种是锅炒干燥，另一种是自然通风干燥；还有一种是"石炕"，石炕干燥要注意翻动和及时出茶，避免干度不够和过干产生烟焦。每一次干燥必须在每一次发酵结束以后及时进行。

h. 包装。原料茶包装直接关系到生产、运输和储存成本，减少储藏和运输损耗，防止污染等问题。传统原料茶包装采用麻袋或篾篓，人工踩包，成本比较高。20 世纪 50 年代创造了蒸汽成包法，即用高温汽蒸软化茶叶，再用木机压制成包，效率较高，储运方便，成本降低。但茶叶含水率高无法散失，容易造成茶包内部升温，腐烂变质，俗称"溏心蛋"，甚至温度升高使茶叶脱水炭化，形成火灾自燃。

20 世纪 60 年代以后普遍采用钢制螺旋打包机，直接将干燥的原料茶压制成包。成包条件进一步改善，既方便运输，又保证质量。包装规格上差异较大，通常 40～60 kg/包。

现在边茶原料更多采用散装运输，或竹片压包、铁丝或篾条捆包，成本降低但损耗和受污染的程度比以前高。

2）精制。精制过程包括复制、毛茶加工、筛分、切铡、拼配、称茶、蒸茶、压制茶砖、存放、包装、编包、检验等过程。

单元 2

①复制。对绿茶原料、毛庄茶、金玉茶、条茶等要进行复制。工序有发水、蒸茶、揉捻（青毛茶、条茶等绿茶不揉）、渥堆、干燥。复制目的是对绿茶进行发酵转色，使毛庄茶和金玉茶成为做庄茶。毛庄茶复制工艺与做庄茶初制相同，要经过三蒸、三蹓、三渥堆、三干燥。绿茶类复制发水后只需进行一次蒸茶，一次渥堆转色，然后干燥即可。

②毛茶加工。毛茶加工又称毛茶整理，就是对原料茶按成色、大小、粗细、长短进行区分，去除灰末和非茶类物质。对于太长、太大的茶叶、茶梗进行切铡，对剔出的茶梗和茶果壳有选择地利用，然后压制成型的过程。

③筛分。用竹篾筛子将茶叶按不同大小、粗细、长短分离出来。筛下的直接进入拼配，筛面部分经过切铡，选拣去除非茶物质和茶梗等，再进行筛分。

④切铡。用普通的铡刀对筛分的"头子"茶（筛面茶）进行切铡，使之变小，如图 2—9 所示。也要对茶梗进行切铡，然后筛分，把进入拼配的茶梗长度控制在 3 cm 以内。

⑤拼配。拼配又叫配仓、关堆。为稳定产品质量，降低生产成本，要按照质量标准，把不同的原料按比例进行搭配拌和。拼配原则包括：第一，拼配制出的成品茶色泽、香气、汤色、滋味要符合国家或企业制定的产品标准；第二，茶叶嫩度、匀度要适中，水浸出物含量要高于标准；第三，茶叶灰分、含梗量、有害物质（如农残，铅、砷、铜等）含量要低于标准上限；第四，有适度的含水量和适制性，便于加工；第五，在保证质量的同时把原料成本控制在最低。

⑥称茶。为了保证每块砖茶重量符合标准，蒸压前必须按规定重量称重，并根据实际含水量和半成品损耗率计算每块茶砖的半成品重量。计算公式为：

$$应称重量＝标准重量×\frac{1-配料含水量}{1-集中水分标准}＋半成品损耗率-洒面茶重量$$

⑦蒸茶。一般用高压蒸汽蒸制，使茶叶吸收蒸汽中的水分和热能，舂包前使叶片软化，叶片弹性变小，易舂压成型。普遍采用高压蒸汽（0.3 MPa 以上的压力），通过调节蒸气的压力、流量、蒸制时间来控制茶叶的含水量和温度。

⑧压制茶砖。压制茶砖又叫舂包，就是将茶叶压制成一定形状。传统南路边茶是用木制模具内衬入篾箬，在箬子内倒入蒸热的茶叶，再用木制舂棒筑制成型。20 世纪 50 年代，改用杠杆式压模压制，后来又采用螺旋压茶机在术制模具内压制。茶砖的松紧度关系到茶叶的质量，茶砖的标准比重是康砖茶 0.72 g/cm³，金尖茶 0.54 g/cm³，误差不能超过 2%。

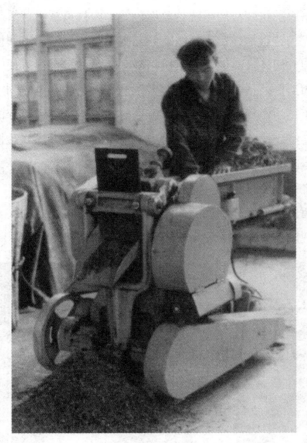

图 2—9　切铡

⑨存放。春压成型的茶砖是热的，要经 24 h 以上存放才能冷却。春好的茶包冷却定型需要存放 7～10 天，进行后发酵并散失水分。康砖、金尖的原料较粗老，弹性大、塑性差，不进行较长时间的定型，容易出现反弹，使茶砖松泡，不利于包装、运输和存放，也不利于后发酵。同时，刚春压的茶砖含水量相对较高，需要在包装前散失，达到包装所规定的含水量。一旦包装成成品，失水较慢，茶砖易霉变。

南路边茶后发酵又称自然发酵，从在制品被春压成茶砖开始，直到饮用时结束。经过充分后发酵的茶叶，色泽更加均匀，汤色更加红亮，滋味更加醇和，香气更加纯正。后发酵的程度与茶砖含水量多少、气温高低和后发酵时间长短有关。从半成品存放时开始，随着含水量减少，温度降低，后发酵作用会越来越弱。要使茶叶有较充分的后发酵，存放工序非常重要，至少 7～10 天。

⑩包装。包装又叫包茶。边茶包装是为了保证茶叶质量、方便储存、运输、

销售。四川南路边茶包装沿用传统竹篾笢包装，内衬黄纸，黄纸外包牛皮纸，篾笢外用篾条捆扎。特点是结实不易散，能经受长距离运输；方便储存和运输，除汽车、火车装卸方便外，高原上农牧民用马和牦牛驮运也很方便。计量方便，一般消费者每年约消费一条包茶；篾笢包装通透性好，利于散失水分，保证质量，有抑制微生物生长的作用，茶叶不易霉变；包装成本低廉；废弃的篾笢包装能充分再利用，不会给高原环境造成任何污染。不足之处是篾笢通透性好，虽然有利于散失水分，但防潮、防异味的能力较差。

⑪编包。将茶包笢口封好（见图2—10），切去过长的部分，用锁口篾锁住封口，然后用两道千斤篾分别绕两周扭紧，将其固定，篾条头穿入笢内，最后捆五道腰篾，并把篾条头藏好。入库时还需在茶包表面打上标志。

图2—10 编包

⑫检验。按照国家标准 GB/T 9833.4—2002《紧压茶 康砖茶》和 GB/T 9833.7—2002《紧压茶 金尖茶》进行检验。

3）康砖茶、金尖茶的区别

①指标区别。具体见表2—4和表2—5。

表2—4　　　　　　　　　　康砖、金尖茶感官指标

品名	外形色泽	香气	滋味	汤色	叶底
康砖茶	棕褐、紧实、略有青片	纯 正	醇 正	红浓明亮	花暗较粗
金尖茶	棕褐、紧实一致	纯 正	醇 和	红黄明亮	暗褐粗老

表 2—5　　　　　　　　　　康砖、金尖茶理化指标

品　名	单位重量 (kg)	计重水分物 (%)	出厂水分 (%)	灰分 (%)	含梗量 (%)	杂质 (%)	水浸出 (%)
康砖茶	10	14	16	7.8	8	0.5	30～34
金尖茶	10	14	16.5	8.5	15	1.0	20～24

②色泽。康砖茶的色泽为棕褐带墨绿，略显花杂，有光泽。金尖茶的色泽为棕褐带红色，均匀有光泽。砖心和砖侧面的色泽要一致。

③紧度。康砖茶比金尖茶紧。舂压过紧，茶砖心易发黑、霉变；茶包过松，茶包超长，外形不美观。

④汤色。康砖茶的汤色黄红明亮、不混浊、无沉淀；金尖茶的汤色呈棕红色、明亮且带琥珀色、无沉淀。汤色发暗、混浊是发酵过度、叶肉腐化造成的。

⑤香气。香气特点是纯正，陈茶香，即特殊的老茶香。康砖茶香气高于金尖茶，金尖茶带甜香和陈茶香。

⑥滋味。滋味醇和，康砖茶略带收敛，回甜。金尖茶滋味较平和，带有回甜味。

⑦叶底。康砖茶叶底较粗老，部分条索稍显花杂。金尖茶叶底粗老，色尚匀。

4）注意事项

①后发酵茶砖含水量 16%～16.5%，气温 25℃时，经过 20～30 天发酵就能较好地完成。如果含水量超过 17%，长时间不能散失，后发酵过度，砖心发黑，水浸出物下降，有的还带酸馊味，甚至出现霉烂变质。含水量过低出现后发酵不足，各种物质得不到转化而影响质量。

②蒸茶装叶时，头蒸需将茶叶压紧才能多装叶，二、三次蒸茶就不能压得太紧，否则通透性不好，下部的茶已蒸透，上面的茶还是冷的。

③拼配时含水量康砖茶为 12%（冬季）～13%（夏季），金尖茶的拼配含水量为 13%（冬季）～13.5%（夏季）。

④影响边茶中的茶多酚氧化的条件有温度、水分、光照、氧化时间、酸碱度等。

⑤影响边茶香气物质转化的因素有热力、氧化、水分、微生物、作用时间等。

⑥影响茶砖松紧度的因素有原料嫩度、原料含水量、出蒸茶温度、原料含梗量、原料个体大小、舂压次数等。

单元
2

（4）品质特征

1）康砖茶的品质特征。外形特征：圆角长方形，表面平整、紧实，洒面明显，色泽棕褐，砖内无霉菌。内质特征：香气纯正，汤色褐红明亮，滋味醇正，叶底棕褐。

2）金尖茶的品质特征。外形特征：圆角长方体，紧实，无脱层，色泽棕褐。砖内无霉菌。内质特征：香气纯正，汤色褐黄明亮，滋味醇和，叶底暗褐。

（5）工艺、质量要求

康砖茶、金尖茶的生产周期较长，加工工序较多，且机械化程度较低，多凭人力和经验操作。20 世纪 60 年代以来，部分机器代替了人力，但总体水平不高。长期以来，康砖茶、金尖茶的传统制作工艺依靠身传口授，近年整理出版的一些技术著作也有待进一步完善。所以技术工人、熟练工人尤为重要。有效传承和弘扬传统制作工艺，重点抓好原料、渥堆、拼配等核心环节，严格执行国家标准，才能确保产品质量。

2. 广西苍梧六堡茶加工

六堡茶为历史名茶，已有 1 500 多年的历史，属黑茶类。因原产于广西梧州市苍梧县六堡乡而得名，其产制历史可追溯到 1 500 多年前，清嘉庆年间就列为全国名茶。

苍梧县六堡乡位于北回归线北侧，年平均气温 21.2℃，年降雨 1 500 mm，无霜期 33 天。六堡乡属桂东大桂山脉的延伸地带，在境内从塘平到不倚，从四柳到高枧，从梧垌到合口这些村镇，峰峦耸立，海拔 1 000～1 500 m，坡度较大。茶叶多种植在山腰或峡谷，距村庄远达 3～10 km。那里是个林区，溪流纵横，山清水秀，日照短，终年云雾缭绕。历史上，六堡茶产区有恭州村茶、黑石村茶、罗笛村茶、蚕村茶等，以恭州村茶及黑石村茶品质最佳。据记载，恭州村所产的茶，因其地处崇山峻岭，树木参天，所植茶树水分已足，且高山雾气大，每天午后，太阳不能照射，则蒸发少，故其茶叶厚而大，味浓而香，往往价格昂贵。其次为黑石村所产之茶，其山为黑石与坭所造成，溪涧之水长流，故茶树得水足，茶叶大而厚。

（1）原料要求

六堡茶的采摘标准为多为一芽三、四叶，白天采，晚上制。采后保持新鲜，当天采当天制完。

（2）产品规格

单元
2

旧时六堡茶分为细茶、元度、粗茶、行茶四个等级。新中国成立后，按国家规定，六堡茶毛茶分为1、2、3、4、5、6（级外）、7级（粗茶），每级又分为上、中、下三个等级。精茶分特级、一级至六级。目前广西梧州茶厂生产的品种规格齐全，包括各种规格的盒装六堡茶、紧压六堡茶饼、六堡茶砖以及各种从1 kg装到50 kg装的各种规格篓装六堡茶。

（3）加工技术

六堡茶加工工艺分为初制和精制。

1）六堡茶的初制工艺。初制工艺过程为：鲜叶杀青→揉捻→渥堆→复揉→干燥五道工序；形成的毛茶质量要求为：条索粗壮，完整不碎，叶条黏结成块，间有黄花。

①杀青。锅温160℃，每锅投叶2～2.5 kg，杀青机每次投叶7.5 kg。下锅后先闷炒后扬炒，然后闷扬结合，嫩叶多扬少闷，老叶多闷少扬。一般杀青5～6 min，到芽叶柔软，茶梗折而不断，叶色转为暗绿为适度。摊晾后进行揉捻。揉捻有手揉和机揉两种，手揉一次可揉1～1.5 kg，机揉依揉捻机的大小而定。

②揉捻。揉捻以整形为主，细胞破损为辅，叶破损率在40%即可。揉时加压要适度，其过程大体如下：轻揉→轻压→稍重压→轻压→轻揉，揉后解块。一般1～2级茶揉40 min，3级以下的茶揉45～50 min。揉好之后，进行渥堆，即将揉好的茶坯放入篓内堆放进行渥堆发酵。这是决定六堡茶色、香、味的关键工序。

③渥堆。堆高3～5 cm，每篓装湿茶坯15 kg左右，渥堆时间在15 h以上，茶堆温度以40℃左右为宜。如温度高过50℃，则会烧堆，因此在渥堆过程中要注意翻堆散热，渥堆时温度低，即用60℃左右的火温将茶坯烘至五至六成干再渥堆。

④复揉。经过渥堆发酵之后，茶条会轻散一些，因此要进行复揉5～6 min。

⑤烘干。也分毛火和足火两步进行。传统的方法是用烘茶笼，笼上摊叶3.3 cm左右，最好是用松明火烘，烘温80～90℃，每隔5～6 min翻拌一次，烘到六至七成干下焙摊晾半小时，即进行打足火；足火温度50～60℃，摊叶厚度6.6 cm，烘2～3 h，茶梗一折即断即可。

2）六堡茶的精制工艺。精制工艺过程为：过筛整形→拣梗拣片→拼堆→冷发酵→烘干→上蒸→踩篓→晾置陈化。现在的六堡茶精制采取事先进行冷发酵，将毛茶增湿，含水量达12%。渥堆7～10天，以补初制发酵不足，当茶叶水分干到10%左右，即上蒸半小时，至叶全软为宜，使叶含水量达到15%～16%。

传统的制法是将茶蒸软后堆置 20～30 天，因为渥堆的湿热作用，进一步促使茶叶内含物的变化。由于茶多酚非酶性氧化作用，继续使茶黄素、茶红素等有色物质增加，使其色、香、味加厚，达到六堡茶的特有品质风格。六堡茶与其他黑茶比较，其渥堆变色的过程是采用湿坯渥堆变色，制作特色在于其进行的是"蒸"制，即将烘干的茶叶，分等级再投入大木桶中"蒸"软，然后再把茶叶摊到特制的方底圆身竹篓中，用机器压紧，再入仓进行自然干燥，最后存放一两个月甚至半年以上进行陈化，才制成成品。

成品质量要求为：内质香气陈醇，汤色红浓，如琥珀色，滋味甘醇爽口，有槟榔味，香气持久，特耐冲泡，茶汤隔夜色、香、味不变。

（4）品质特征

六堡茶的品质特点：色泽黑褐光润，特耐冲泡，叶底红褐色；汤色红浓似琥珀，醇和甘爽，滑润可口；有槟榔味。

六堡茶的品质要陈，晾置陈化，是制作过程中的重要环节，不可或缺。一般以篓装堆，储于阴凉的泥土库房，至来年运销，而形成六堡茶的特殊风格。因此，汽蒸加工后的成品六堡茶，必须经散发水分，降低叶温后，踩篓堆放在阴凉湿润的地方进行陈化。经过半年左右，汤色变得更红浓，滋味有清凉爽口感，且产生陈味，形成六堡茶红、浓、醇、陈的品质特点。

六堡茶采用传统的竹篓包装，有利于茶叶储存时内含物质继续转化，使滋味变醇、汤色加深、陈香显露。六堡散茶用现代工艺蒸制、压模，可制成"六堡饼茶""六堡砖茶""六堡沱茶"等，特别受到六堡茶收藏者的青睐。

3. 四川雅安藏茶加工

雅安藏茶是黑茶的典型代表，是以优质做庄茶或复制后的绿茶为原料，继承、改进南路边茶传统制作工艺，经初制、拼配、蒸压（揉）、干燥等主要工序，做成的各种规格、形状的紧压藏茶、散藏茶、袋泡藏茶等产品的总称。

雅安藏茶是近年来按照"边茶内销""各族共饮"的产销思路研制开发的藏茶系列新产品，在继承传统口感、风味、功效的基础上，产品品种、包装、饮用、收藏、装饰等方面，更适合现代人快节奏的生活需求，产品一问世，就热销北京、上海、广州、成都等地。

（1）原料要求

雅安藏茶全部采用四川中小叶种茶树鲜叶。散藏茶类要求鲜叶原料嫩度较高，一芽一叶初展到一芽三、四叶不等。紧压藏茶、袋泡藏茶类一般采用较成熟的茶梢为原料，一般一芽三至五叶不等。鲜叶原料的处理同黑茶类。

（2）产品规格

雅安藏茶按形状分为紧压藏茶、散藏茶、袋泡藏茶三大类型。紧压藏茶按品质特征分为特级、一级、二级、三级；散藏茶按品质特征分为特级、一级、二级、三级；袋泡藏茶按品质特征分为特级、一级。

（3）加工技术

雅安藏茶加工的基本工艺为：杀青→揉捻→渥堆发酵→干燥成型。多次高温渥堆发酵、加湿加温反复揉捻是雅安藏茶的关键技术。下面主要介绍渥堆发酵技术和干燥成型技术。

1）渥堆发酵技术。雅安藏茶加工重点掌握的是渥堆发酵技术。由于藏茶的原料嫩度提高，渥堆时温度提升较慢，一旦温度提高，又极容易造成烧堆。所以要随时观察，多次翻堆，才能保证发酵适度。渥堆发酵使茶叶多酚类物质发生氧化、聚合，生成茶黄素、茶红素、茶褐素等，促进氨基酸、脂类、多糖等成分的转化分解，形成低儿茶素、低咖啡因、高茶多糖、高茶色素的成分特征，具有特殊的保健功能。

2）干燥成型技术。干燥成型根据产品类型确定。

①紧压藏茶。根据产品规格要求，将初制后的茶叶拼配好，装入模具，采用不同型号的液压机进行压制。压制成型后用藏茶烘干机或烘房烘干储存。藏茶成型液压机如图 2—11 所示。

②散藏茶。散藏茶在反复揉捻过程中基本成型，渥堆发酵后再进行筛选、整理、烘干。

③袋泡藏茶。将初制后的茶叶进行拼配、筛分、破碎，烘干后使用袋泡茶包装机定量包装。

（4）品质特征

雅安藏茶采用高山茶区当年生成熟叶、梢为原料，经杀青、揉捻、渥堆发酵、蒸压（揉）成型、陈放转化等工序加工而成，形成的产品独有的特征。外形特征：色泽黑褐油润，紧压藏茶表面平整、紧实，洒面明显；散藏茶条索卷曲、匀称。内质特征：茶香浓郁纯正，汤色褐红明亮，滋味醇和爽口，叶底棕褐柔和。

（5）工艺、质量要求

雅安市为搞好品牌整合，统一产品分类，统一产品质量，制定实施了统一的雅安藏茶企业标准。标准规定感官指标应符合表 2—6 的相应要求。理化指标应

单元
2

图 2—11　藏茶成型液压机

符合表 2—7 的相应要求。

单元 2

表 2—6　　　　　　　　　　　　　藏茶感官指标

产品名称	等级	形状	色泽	嫩度	香气	滋味	汤色	叶底
紧压藏茶	特级	均匀平整	黑褐油润	一芽一叶	陈香浓郁	醇厚回甘	红浓明亮	褐润柔软
	一级	平整尚匀	褐尚润	一芽二、三叶	陈香高长	醇厚	红浓明亮	褐尚润
	二级	平整较匀	褐较润	一芽三、四叶	纯正	醇和	橙红明亮	褐较润
	三级	尚平整	棕褐稍枯	一芽四、五叶	正常	醇正	橙黄尚亮	褐
散藏茶	特级	芽叶匀整	黑褐油润	一芽一叶	陈香馥郁	醇厚甘爽	红浓明亮	芽叶完整棕褐
	一级	紧细匀整	黑褐尚润	一芽二、三叶	陈香高长	醇厚回甘	红明亮	柔软尚亮
	二级	紧结较匀	黑褐较润	一芽三、四叶	纯正	醇和爽口	橙红明亮	尚软
	三级	芽叶带梗	黑褐稍枯	一芽四、五叶	正常	醇正	橙黄尚亮	较软
袋泡藏茶	特级	碎片均匀	黑褐油润	—	陈香纯正	醇和甘爽	褐红明亮	黑褐尚软
	一级	细碎匀称	黑褐尚润	—	纯正	醇和	橙红尚亮	黑褐较软

表 2—7　　　　　　　　　　　　藏茶理化指标

项目	紧压藏茶	散藏茶	袋泡藏茶
水分（%）	≤13.0	≤9.0	≤9.0
总灰分（%）	≤7.0	≤7.0	≤7.0
非茶类夹杂物（%）	≤0.1	≤0.1	≤0.1
水浸出物（%）	≥33	≥35	≥28

五、代表性的地方名茶简介及加工技术

名茶品质是由色、香、味、形 4 个因素构成的，这 4 个品质因素也可分为外形和内质两大部分。外形包括形状与色泽等，以原料为基础，不同的制作技法和工艺，通过做形等方法形成名茶的形状，主要受原料的物理性状的影响；干茶色泽主要与化学成分有关。内质的优劣是由茶叶中的各种化学成分的种类、含量与比例决定的。因此，各类工艺名茶品质的色、香、味形成均离不开原料内含化学成分。而名茶的茶树品种、栽培技术和环境条件以及制茶工艺、技法等均对内含成分起一定作用。因此，分析茶叶品质形成也必须深入到茶叶品质化学成分之上。

1. 云南普洱茶的加工

普洱茶是我国的传统名茶之一，产于云南的西双版纳、普洱、临沧等地区，目前已有上千年的历史，是云南特殊自然环境繁衍出的产物。

（1）原料要求

普洱茶以云南大叶种茶树鲜叶为原料加工制作而成。鲜叶采摘以一芽一叶、一芽二叶、一芽三叶、一芽四叶及同等嫩度的对夹叶，合理留叶。手工采摘要提手采；机采要保证鲜叶质量和无害化，防止污染。普洱茶原料鲜叶分级指标见表2—8。

表2—8 普洱茶原料鲜叶分级指标

级别	芽叶比例
特级	一芽一叶占 70％以上，一芽二叶占 30％以下
一级	一芽二叶占 70％以上，同等嫩度其他芽叶占 30％以下
二级	一芽二、三叶占 60％以上，同等嫩度其他芽叶占 40％以下
三级	一芽二、三叶占 50％以上，同等嫩度其他芽叶占 50％以下
四级	一芽三、四叶占 70％以上，同等嫩度其他芽叶占 30％以下
五级	一芽三、四叶占 50％以上，同等嫩度其他芽叶占 50％以下

（2）加工设备

从普洱茶的产生和发展来看，不同历史阶段的普洱茶加工工艺是不同的。传统普洱茶的加工主要由茶号茶庄的制作坊完成，因此，加工设备都是传统的一般简单设备。至清代及民国期间，传统普洱茶的加工工艺逐渐成熟完善，加工设备

单元 2

也相应改进，特别是新中国成立以后，普洱茶的加工机械也与其他茶类的加工机械一样得到快速发展，至目前，普洱茶的加工已完全实现机械化。

普洱茶的初加工设备基本与大宗绿茶加工设备相同；普洱茶的精加工设备已出现各种类型的新型成型设备，如 SCRJ—120 型普洱茶双工位茶饼成型机（见图 2—12）。

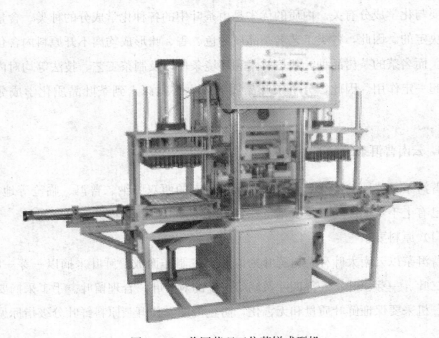

图 2—12　普洱茶双工位茶饼成型机

SCRJ—120 型普洱茶双工位茶饼成型机主要为云南省特产的普洱茶茶饼成型所设计。目前，茶饼生产企业大多数采用 30 t 的螺杆式压机，由 1 人手工操作，每次压制茶饼 20 块，效率比较低。而 SCRJ—120 型成型机压力大于 250 t，每模压制小方茶饼的数量可达 144 块。SCRJ—120 型普洱茶双工位茶饼成型机由计算机控制，采用螺杆压力机构结合 1∶12 的机械增力机构，使得小机器产生很大的压力。SCRJ—120 型普洱茶双工位茶饼成型机技术标准见表 2—9。

表 2—9　　　　　　SCRJ—120 型普洱茶双工位茶饼成型机技术标准

序号	项　　目	指标及说明
1	原料名称	普洱茶
2	成型尺寸	24 mm×24 mm×10 mm
3	成品合格率	≥95%
4	上料方式	手工将茶叶倒入模具内，按启动按钮进模

序号	项　目	指标及说明
5	每模压饼数量	121～144 块/模
6	加工速度	180～210 块/min
7	压机压力	≥250 t
8	控制形式	PLC 程序控制　　PLC control
9	气源压力	≥0.6 MPa
10	电机功率	7.5 kVA
11	主机外形	L：2 900 mm×W：2 100 mm×H：2 600 mm
12	设备重量	3 000 kg

（3）加工技术

普洱散茶的制作要经过杀青、揉捻、晒干制成晒青毛茶；熟茶则还需要经适度潮水渥堆、晒干、筛分。普洱散茶生茶，茶农即可加工制作；而熟茶则大都由两个渠道：一是厂家直接收购鲜叶进行加工，二是初制加工成晒青毛茶后厂家收购渥堆发酵生产，进入正规茶厂深加工而成。

1）传统生普洱茶加工工艺。传统生普洱茶加工工艺为：鲜叶→杀青（生晒、锅炒）→揉捻（手工揉团）→晒干→筛选分类→蒸压制型→干燥（晒干、阴干）。

①晒青毛茶加工

a. 杀青。茶农大都采用铁锅或半自动滚筒杀青，而茶厂则用滚筒杀青。因大叶种茶含水量高，杀青时必须闷抖结合，使鲜叶失水均匀，达到杀透杀匀的目的。

b. 揉捻。茶农制作这道工序传统是用手直接搓揉已杀青的茶叶，现在很多茶农也自己购买了半自动的揉捻机械，而各大茶厂则是用大型揉捻机。最初茶农揉捻茶叶要根据茶叶原料的成分灵活用手及经验掌握力度，嫩叶要轻揉，揉时短；老叶要重揉，揉时长，揉至茶叶基本成条索状为适度。而机揉则没有那么多讲究。因为手工茶条索揉捻充分且适度，条索松紧适中，空气流通性大；而机制茶条索紧凑，相对来说没有手工茶发酵快，所以市场上还是以手工茶更为走俏。也有很多茶人潜心钻研，用半自动揉茶机控制时间及力度来达到手工茶的效果，有成功案例，但掌握其技术的人为数不多。

c. 晒干。茶农晒干是利用阳光晒干茶叶水分。一般利用篾席将茶叶薄摊在阳光下晾晒，晒至茶叶干至 90％左右为适度。雨季，茶叶总是晒到一半下雨，茶农把未晒干的茶叶收集起来，等到雨停时候再抬出去晒。如果雨一下几天，茶农们就习惯把茶叶晾在农家的火塘上方，或者制作一个烘茶小灶把它们烘干。各

单元
2

大茶厂则一律用脱水烘青的机械完成这道制作工序。

d. 筛分。用筛分机械筛分等级，手工簸、拣等方法扬去细片碎末，拣剔老梗进行分档，分出粗细、大小、长短后，根据所作商品茶要求的花色、口感进行拼配，再加工制作成型。比如普洱圆茶、饼茶、砖茶、沱茶等紧压茶。

②传统普洱紧压茶加工。传统普洱饼茶于清雍正十三年（公元 1735 年）开始生产至今。饼圆寓意团圆，中国人讲究多子多福，故而七片一筒，七子饼普洱茶之名由此得来。制作时选上好茶叶为原料，放入铜蒸锅中，使散茶经汽蒸而柔软，再将蒸柔软散茶倒入特制的三角形布袋中用手轻揉，并将口袋紧接于底部中心，然后放入特制的圆形茶石鼓中，压制成四周薄而中央厚，直径宽约七八寸的圆形茶饼，即为传统普洱饼茶。

传统普洱紧压茶有各种花色品种。其制作工具主要有特制的铜蒸锅、茶袋、梭片、精工打磨过的揉茶石、加热产生集中蒸汽和盖实严密的铁锅、锅盖、晾架、竹箩、压茶石鼓、包装纸、笋叶等。操作中使用的木贡杆、棒槌、石鼓、铅饼、推动螺杆等为手工工具。民间手工茶一般由多人组成一个加工组，分工明确。手工茶装茶和揉茶的技术要求较高，传统普洱紧压茶这两道工序由茶号茶庄专门聘请的加工师傅制作完成。制作过程分六个步骤。

a. 称重。茶青具按饼型大小定量称重。

b. 蒸茶。按拼配师傅的要求依次将需加工的原料茶放到一个铁皮做成的圆桶里，桶底有漏蒸汽的小孔，放到特制的铁锅上方蒸软。因为茶叶晒干后很容易脆断，若无一定水分茶叶压不成型，所以这道工序是必不可少的。

c. 装茶。蒸软的茶叶放到一个定型缝制的布袋子里，裹口定型。这道工序的技术含量很高，只有具备相当技术的工人才能做出饼型圆润、厚薄适中、茶窝端正的茶饼。否则茶饼压制出来厚薄不均匀，茶窝歪斜，饼型不圆且茶面条索非常难看。

d. 压茶。装袋的茶叶定型完毕放到干净的石板上，压上手工刻琢，内稍微圆弧形的石模，手工压制十几分钟。各大茶厂则用机器压制。相对来说，机压茶和石模茶最大的区别是机压茶特别是普洱铁饼，紧凑，相对石模饼发酵慢，但饼型保持时间较长；而石模茶较松，发酵相对比机压茶快，但饼型边缘容易松散开来。

e. 晾茶。把压好的茶饼放到竹子架上摊晾。

f. 包茶。除去外包布袋，用手工绵纸包装，而后用竹壳笋叶、铁丝七片一筒进行包装。传统普洱饼茶十二筒为一篮，又称"一打装"，也就是现在我们说的一件。两篮为一担，一匹马驮运一担，约重 70 kg。

③传统普洱方砖茶制作。传统普洱砖茶制作选晒青毛茶作原料。传统普洱砖茶的制作加工同饼茶基本一致。加工制作时原料茶放入铜蒸锅中蒸软，然后倒入砖形模型和方形模制中压制。传统普洱砖茶的模制上有凸形的"福""禄""寿""禧"等字样，紧紧施压后便制成压印有各种文字的传统普洱砖茶。传统普洱砖茶每四块包作一包，外用竹笋叶包装，每篮十六包，两篮为一担，"普洱砖茶"销往藏区为最多。

④传统普洱竹筒茶制作。传统普洱竹筒茶制作以普洱晒青毛茶为原料，加工方法独树一帜，别具风格，有着浓厚的民族风味。制作时将一级普洱晒青毛茶放入底层装有糯米的甑内蒸软后，再放入竹筒内，边装边压紧打实，放在烘架上以文火徐徐烤干，冷却后割开竹筒，外用包装纸包装。这种传统的普洱竹筒茶既有茶香，又有竹香和糯米香，竹香和茶香交融。传统普洱竹筒茶白毫显露，汤色黄绿明亮，是待客的普洱茶珍品。

⑤普洱心形紧茶制作。其制作过程分称茶、蒸茶、压制、定型脱模、干燥、包装等工序。传统普洱心形紧茶选晒青毛茶为原料，蒸至柔软后倒入紧茶布袋之中，由袋口逐渐收紧，同时按顺时针方向紧揉袋中之茶，使之形成一心形茶团，即制成传统普洱心形紧茶。传统普洱心型紧茶每七个以竹笋叶包为一包，称之为一"筒"，十八筒装一篮，两篮为一担，约重 55 kg。昔日传统普洱心型紧茶主要销往西藏，少数外销尼泊尔、不丹、锡金等国。

⑥普洱沱茶制作。以晒青毛茶为原料，制作成圆面包状而中间下凹成坨的称传统普洱沱茶。传统普洱沱茶的制作工艺分称茶、蒸茶、袋揉压制、定型、脱袋、干燥、包装等工序。将蒸热后变柔软的散茶倒入圆底三角形小布袋，把袋口收紧，在压制过程中放入模中加压成型，压好成型的沱茶还需连布袋一起放在盘架上散热冷却，待冷却后才取出脱袋定型。经干燥后进行包装即制作完成传统普洱沱茶，传统普洱沱茶主要专销藏区。

2）云南发酵普洱茶（熟普洱）的加工工艺。云南发酵普洱茶在晒青毛茶的基础上经适度潮水渥堆、晒干、筛分制成。毛茶原料一般采用云南晒青毛茶六至十级作为普洱茶原料，以临沧市八县（区）生产的晒青毛茶为佳。

①筛分。普洱茶的筛分一般分为毛筛和复筛。毛筛的目的主要是为了充分发挥原料的经济价值，减少发酵中的结块，在毛筛过程中要做到不切。筛分后的正茶即进行发酵。发酵后进行复筛，通过复筛达到普洱茶外形条索粗壮肥大、完整的要求。在此过程中六、七、八级以 1.5 cm 筛孔平圆筛撬头，撬头晾干再切或

单元 2

另作处理。正身茶通过 0.2 cm 筛孔平圆筛割脚。九、十级以 2 cm 筛孔平圆筛撩头。鉴于目前各茶厂原料、设备情况不同，筛路安排和筛网组合不便统一，但必须按照加工标准严格对样加工。

②渥堆（湿水发酵）。渥堆（湿水发酵）即是将晒青毛茶堆积保温，泼水使其吸水受潮，然后堆成一定厚度（大概 80 cm 高，长宽则视场地面积而定），盖上塑料薄膜，插上温度计，而后让其自然发酵，定期翻堆保证其发酵充分。经过若干天堆积发酵以后，茶叶色泽变褐，有特殊陈香味，滋味变得浓厚而醇和。青毛茶通过湿水发酵，茶叶中多酚类化合物进行缓慢氧化，形成普洱茶特有的色、香、味。这道工序是普洱熟茶色、香、味品质形成的关键工序。在发酵过程中必须掌握如下要点：

a. 必须选用云南大叶种晒青毛茶。目的是要获得优异的茶品，满足市场需要。优质普洱茶最基本的质量前提是品质的"合格"。什么才是合格的普洱茶？就外形而言，1979 年的《云南省普洱茶制造工艺试行办法》的规定是："外形条索粗壮肥大、完整、色泽褐红（俗称猪肝色）或带灰白色。"就内质而言，2003 年《普洱茶云南省地方标准》规定："汤色红浓明亮，香气独特陈香，滋味醇厚回甘，水浸出物含量≥38％。"要达到"条索粗壮肥大""水浸出物含量≥38％"这两项关键性质量指标，加工普洱熟茶的原料，必须是品质上乘的云南大叶种晒青毛茶。非如此，采用云南境内中、小叶种茶胚制成的晒青毛茶原料，是不可能达到普洱茶"条索粗壮肥大""水浸出物含量≥38％"的要求的。

b. 合理确定渥堆茶的数量。渥堆茶数量多少、堆大小、高低，关系到"发酵"茶的温度、微生物种群及数量、茶堆透气性、酚类物质转化快慢，茶叶容易受"沤"、易"馊"，成品叶底软烂而黏稠，汤浊而欠亮。渥堆茶数量过多，通风不足，堆内茶叶在"无氧"状态下，容易还原产生大量的中间产物，易酸、味苦涩，易导致发酵过度而出现"烧心"，汤色浅薄，叶底硬脆，色黑无光泽。渥堆茶数量的多少，应视晒青毛茶的老嫩，二级以上晒青原料，每次渥堆发酵的数量控制在 3 000～5 000 kg，最低不少于 3 000 kg，最多不超过 5 000 kg。三级以下的低档原料，视渥堆场地面积、空间大小，控制在 6 000～25 000 kg 之间。嫩茶量宜少、堆宜低；老茶量多堆大，堆宜高。渥堆高度控制在 70～100 cm。

c. 控制水分。茶叶的湿水量要根据茶叶的级别及气候而定。总的原则是高档茶的水分要湿少些，低档茶的水分要湿多些；气候干燥则水分要适当增加。其中毛茶补水增湿，是普洱茶渥堆发酵的关键技术。水分过多，堆内透气性差，易缺氧、微生物厌氧菌大量产生，茶品易酸馊、叶底易软烂而黏稠；水分过少，好气性细菌多，温低而干烧，转化慢，达不到预期的发酵效果。掌握的原则是："高档茶宜少，低档茶稍多"。二级以上高档原料毛茶补水量为 26％～31％；三级以下中低档原料毛茶回水量为 36％～42％。操作中，应注意空气温度对渥堆茶的影响，雨季宜少，旱季宜多；高温量多，低温量少。发堆过程中，如遇干热风或大风天气，使茶堆表面走水过快的，在每次翻堆时，可适当补充水分，量的多少，酌情而定。

d. 掌握好翻堆时间。翻堆，是普洱茶发酵中，人为调节茶堆温度、湿度、空气的主要手段，也是控制发酵过程的重要措施。通过茶堆的翻动，观察发酵茶叶的变化，调整发酵茶的位置，使上下、内外进行交换，从而达到发酵程度的整齐一致。同时，平衡茶堆的温度、湿度，增加透气性，解散"结团"茶条。每次翻堆，解决透气要彻底，严禁简单的移位。操作上，春茶原料发酵的，因叶肉厚实，不易发酵，翻堆间隔较长，次数较少，根据堆的大小，一般 10～20 天翻动一次。夏茶原料发酵的，因叶肉较薄，身骨较轻，容易发酵，翻堆间隔较短，根据堆的大小，一般 8～10 天翻动一次（有的地方两次翻堆的时间一般相距为一周左右；冬季气温低，堆温升得慢则翻堆间隔适当延长）。整个发酵过程，要经过 3～4 次翻堆。第一次翻堆的目的是为了达到水分均匀，以后几次翻堆以堆温上升情况决定。一般情况下，青毛茶六、七、八级翻堆四次，青毛茶九、十级为 3 次。

e. 控制温度。发酵茶堆的温度高低，是普洱茶品质形成和转化的关键因素。保持适当的温度范围，有利于微生物的大量滋生繁殖，微生物分泌酶的活性、催化活性及速度都会增强并加快，茶叶多酚类化合物的转化也能随之快速转化、降解。但是，微生物的发育和繁殖对温度的要求是有一定规律的。通常在 40～50℃对微生物发育繁殖最为有利，此温度范围，茶叶多酚氧化酶的活性也是最强的。过高，将大量致死微生物，茶叶多酚氧化酶的活性也会钝化；过低，微生物繁殖速度慢，茶叶多酚氧化酶的活性不足，不利于普洱茶品质形成。因此，普洱茶的发酵温度，最宜控制在 50～60℃的范围内，最低不宜低于 40℃，最高不超过 65℃。堆温太高将导致茶叶"烧心"而产生发酵过度的毛病，甚至使茶叶变得馊酸而不能饮用。操作中，应注意茶堆温度的平衡，使堆的四周、表面、堆心温度尽可能地趋于均衡。

f. 注意通风。通风透气是普洱茶渥堆发酵的又一技术要求。在一定温度作用下，发酵茶叶发生着剧烈的化学变代，微生物大量繁殖滋生、高分子化合物逐渐分解、聚合、降解。如果没有氧气的参与，茶叶中的分酚类物、醛类、酮类、

单元
2

类脂、维生素 C 都难以氧化分解，多酚类物质的脱羟氧化也难以完成。相反地，各种厌氧菌、腐败菌将大量产生，直接导致渥堆发酵茶叶发酸、发"沤"、发"馊"等，破坏普洱茶的品质。因此，普洱茶渥堆发酵中，必须保持环境的通风透气和发酵茶堆的良好透气性。

g. 发酵时间。普洱茶的发酵时间，指晒青毛茶补水增湿、渥堆开始至发酵适度、茶条呈猪肝色、陈香显露、汤色红浓明亮，可以"出堆"摊晾所经历的时间。云南的，不同纬度、不同海拔地区发酵普洱茶所需要的时间不尽相同，大堆较短，小堆较长。寒温带地区发酵的时间较长，春茶一般需要 60～70 天，夏秋茶一般需 50～60 天；低热地区发酵的时间较短，时间为 30～40 天。其中春茶 40 天左右，夏茶 30 天左右。

h. 发酵程度的掌握。由于市场和消费者喜好的多样性，使普洱茶在"发酵程度"的把握上出现了多样性。半生熟、六成熟、七成熟等关于普洱茶"发酵程度"的描述和与之匹配的产品在市场上大量出现，含混不清。普洱茶应该符合农业行业标准 NY/T 779—2004《普洱茶》和 GB/T 22111—2008《地理标志产品普洱茶》的相关规定：色泽褐红（俗称猪肝色）或带灰白色；汤色红浓明亮，香气独特陈香。茶汤红褐欠亮，滋味淡薄少韵的为过熟；而过生是茶汤红明漂浮，滋味苦中带涩，叶底黄褐泛青。过"生"和过"熟"，皆不可取。渥堆成熟以后，茶为褐红色，要及时开堆摊晾，自然风干 2～3 天，至水分在 20% 左右交复重筛、拣剔、匀堆成箱。

（4）产品规格

以下主要介绍紧压茶类产品规格。现将各茶配料比例和规格要求列下：

1）配料比例

①普洱沱茶。普洱沱茶共有两类，一类是用晒青毛茶直接蒸压的生沱，具有色泽乌润、汤色清澈、馥郁清香、醇爽回甘的特点；另一类是采用人工渥堆发酵后的以普洱散茶做原料制成的熟沱，其色泽褐红，汤色红亮，性温味甘，滋味醇厚。

生沱具体配料比例为：高档普洱沱茶配料，一、二级晒青毛茶分别占 35% 和 65%；中档普洱沱茶配料，三、四级晒青毛茶分别占 30% 和 70%；低档普洱沱茶配料，五、六级晒青毛茶分别占 25% 和 75%。

熟沱具体配料比例为：高档普洱沱茶配料，三、四级晒青毛茶分别占 30% 和 70%；中档普洱沱茶配料，四、五级晒青毛茶分别占 25% 和 75%；低档普洱沱茶配料，五、六级晒青毛茶分别占 30% 和 70%。

②普洱砖茶。其配料比例8级20％（盖面）、9级30％、10级50％。

③中档七子饼茶。其配料比例3级10％（盖面）、7级20％、8级30％、9级40％。

④小包装（普洱茶）。其配料比例6级、7级各50％。

2）成品重量与规格见表2—10。

表2—10　　　　　　　　普洱紧压茶类成品重量与规格

名称	单位	重量（kg）	规格（cm）
普洱沱茶（碗口直径×高）	个	0.1	8.2×4.3
普洱砖茶（长×宽×高）	块	0.25	15×10×（3～3.5）
七子饼茶（直径×中心高×边厚）	块	0.357	21×2×1

（5）质量要求

1）晒青毛茶（加工普洱茶的晒青茶原料）。用于加工普洱茶的晒青毛茶分为十一级，逢双设样，各级品质特征见表2—11。晒青毛茶原料的理化指标见表2—12。晒青毛茶原料的安全性指标见表2—13。

表2—11　　　　　　　　晒青毛茶各级品质特征

级别	外形				内质			
	条索	色泽	整碎	净度	香气	滋味	汤色	叶底
特级	肥嫩紧结显锋苗	油润芽毫特多	匀整	稍有嫩茎	清香浓郁	浓醇回甘	黄绿清净	柔嫩显芽
二级	肥壮紧结有锋苗	油润显毫	匀整	有嫩茎	清香尚浓	浓厚	黄绿明亮	嫩匀
四级	紧结	墨绿润泽	尚匀整	稍有梗片	清香	醇厚	黄绿	肥厚
六级	紧实	深绿	尚匀整	有梗片	纯正	醇和	绿黄	肥壮
八级	粗实	黄绿	尚匀整	梗片稍多	平和	平和	绿黄稍浊	粗壮
十级	粗松	黄褐	欠匀整	梗片较多	粗老	粗淡	黄浊	粗老

表2—12　　　　　　　　晒青毛茶理化指标

项目	指标（％）
水分	≤10.0
总灰分	≤7.5
粉末	≤0.8
水浸出物	≥35.0
茶多酚	≥28.0

单元
2

表2—13 晒青毛茶安全性指标

项目	指标（mg/kg）
铅（以Pb计）	≤5.0
稀土	≤2.0
氯菊酯	≤20
顺式氰戊菊酯	≤2.0
氟氰戊菊酯	≤20
六六六（HCH）	≤0.2
滴滴涕（DDT）	≤0.2
乙酰甲胺磷	≤0.1
致病菌（沙门氏菌、志贺氏菌、金黄色葡萄球菌、溶血性链球菌）	不得检出

注：其他安全性指标符合国家无公害茶叶相关规定。

2）普洱茶（生茶）

①感官特色。外形色泽墨绿，形状匀称端正、松紧适度、不起层脱面；洒面、包心的茶，包心不外露；内质香气清纯、滋味浓厚、汤色明亮，叶底肥厚黄绿。

②普洱茶（生茶）理化指标见表2—14。

表2—14 普洱茶（生茶）理化指标

项目	指标（%）
水分	≤13.0a
总灰分	≤7.5
水浸出物	≥35.0
茶多酚	≥28.0
a 净含量检验时计重水分为10.0%	

③普洱茶（生茶）安全性指标。参照晒青毛茶的各项指标。

3）普洱茶（熟茶）散茶。感官品质指标见表2—15，理化指标见表2—16。

表2—15 普洱茶（熟茶）散茶的感官品质指标

品名	外形				内质			
	条索	整碎	色泽	净度	香气	滋味	汤色	叶底
特级	紧细	匀整	红褐润显毫	匀净	陈香浓郁	浓醇甘爽	红艳明亮	红褐柔嫩
一级	紧结	匀整	红褐润较显毫	匀净	陈香浓厚	浓醇回甘	红浓明亮	红褐较嫩

续表

品名	外形				内质			
	条索	整碎	色泽	净度	香气	滋味	汤色	叶底
三级	尚紧结	匀整	褐润尚显毫	匀净带嫩梗	陈香浓纯	醇厚回甘	红浓明亮	红褐尚嫩
五级	紧实	匀齐	褐尚润	尚匀稍带梗	陈香尚浓	浓厚回甘	深红明亮	红褐欠嫩
七级	尚紧实	尚匀齐	褐欠润	尚匀带梗	陈香纯正	醇和回甘	褐红尚浓	红褐粗实
九级	粗松	欠匀齐	褐稍花	欠匀带梗片	陈香平和	纯正回甘	褐红尚浓	红褐粗松

表2—16　　　　　　　　　普洱茶（熟茶）散茶理化指标

项目	指标（%）
水分	≤12.0a
总灰分	≤8.0
粉末	≤0.8
水浸出物	≥28.0
粗纤维	≤14.0
茶多酚	≤15.0
a 净含量检验时计重水分为10.0%	

4）普洱（熟茶）紧压茶

①感官特色。外形色泽红褐，形状端正匀称、松紧适度、不起层脱面；洒面、包心的茶，包心不外露；内质汤色红浓明亮，香气独特陈香，滋味醇厚回甘，叶底红褐。

②理化指标见表2—17。

单元
2

表2—17　　　　　　　　　普洱茶（熟茶）理化指标

项目	指标（%）
水分	≤12.5a
总灰分	≤8.5
a 净含量检验时计重水分为10.0%	

2. 安徽"祁门红茶"加工

祁门红茶简称祁红，产于安徽省黄山西南的祁门县，有百多年的生产历史。与其毗邻的东至、贵池、石台、黟县等也有少量生产。祁红是红茶中的佼佼者，是世界著名的三大高香红茶之一。祁门红茶独具的特色是：祁红工夫茶条索紧秀，锋苗好，色泽乌黑泛灰光，俗称"宝光"；内质香气浓郁高长，似蜜糖香，又蕴藏有兰花香，汤色红艳，滋味醇厚，回味隽永，叶底嫩而红亮，在国际市场上被誉为"祁门香"。祁门红茶即便与牛奶和糖调饮，其香不仅不减，反而更加鲜醇酣厚。

（1）原料要求

祁红于每年的清明前后至谷雨前开园采摘，现采现制，以保持鲜叶的有效成分。特级祁红以一芽一叶及一芽二叶为主；一般均系一芽三叶及相应嫩度的对夹叶。分批多次留叶采，春茶采摘6～7批，夏茶采6批，少采或不采秋茶。

祁门红茶注重精采。茶农在"谷雨"前拣山开园采摘特级"祁红"，都是"一旗一枪"，即一芽一叶初展的嫩叶，被当地茶农称为"麻雀嘴稍开"。一天采三十多斤普通茶叶的能手，采摘高档"祁红"鲜叶时，最多只能采一斤左右。

（2）加工技术

祁门红茶制作工艺独特，长期保持手工生产的传统采制方法，上乘的质量全靠手上工夫，因此祁门红茶又有祁门工夫红茶的称呼，从生产技术到品质风味都有明显的地域性特色。

祁门红茶制作工艺分初制和精制两大过程。初制包括鲜叶萎凋、揉捻、发酵、烘干等工序。精制则将长短粗细、轻重曲直不一的毛茶，筛分、整形、审评定质、分级归堆，同时为提高干度，保持品质，便于储藏和进一步发挥茶香，再行复火，拼配，成为形质兼优的成品茶。

1）初制。初制就是将生叶制成毛茶。鲜叶在初制加工前，要进行分级，使原料均匀一致，防止老嫩、劣杂混在一起。

①萎凋。萎凋是"祁门红茶"初制的首要关键工序。鲜叶通过合理萎凋，奠定"祁门红茶"条索细紧美观、香高味醇的基础。传统的萎凋方法是将鲜叶摊置晒簟上，在阳光下晒至暗绿色，叶边呈褐色，叶柄柔软，折之不断时为适度。如遇下雨，则摊于室内通风处，所需时间较长。

②揉捻。经萎凋的柔软鲜叶，用人工或机具揉成条状，并适度揉出茶汁。揉捻是形成"祁门红茶"紧结细长的外形，增进内质的重要环节。目的主要是将萎凋叶搓卷成紧细美观的条索和破坏叶细胞挤出茶汁，促进发酵，同时增加茶汤浓度。"祁门红茶"揉捻的特点是：嫩叶少揉，老叶重揉，既能保有锋苗，又能使条索紧结。揉捻后，须经解块，方可发酵。

③发酵，发酵又称"熻红"。传统方法是：将揉捻叶置木桶或竹篓中，上盖湿布或棉絮，放在日光下熻晒，待叶及叶柄呈古铜色、散发茶香，即成毛茶湿坯。如遇阴雨，则在室内加温。红茶的品质特征色、香、味的形成，主要就在这

一阶段，所以发酵是决定红茶品质的关键。发酵的主要目的是形成红色茶汤，加深茶汤浓度，发展香气，减少青涩味，使滋味醇和可口。发酵时间从揉捻算起，春茶3～5 h，夏茶2～3 h。

④烘干。新中国成立前，茶农一般以日光干燥，约晒至五六成干，即可售给茶号。茶号采用烘笼烘焙茶叶，烘笼系竹编成，形如折腰圆筒，笼内有一活动烘顶。茶置烘顶上，每笼约1.5 kg，每一次温度90℃左右，每烘5～10 min翻一次，烘1 h；第二次温度80℃左右，烘60～80 min，每烘15～20 min翻一次，烘至足干即成干毛茶。烘干对于保持前几个初制阶段形成的品质特性，发展香气，提高茶叶品质具有十分重要的作用。烘干的目的，是利用高温制止酶的活动，停止发酵，蒸发水分，缩小体积，便于储运，同时进一步发展香气。

2）精制。初制成的茶叶叫毛茶，毛茶必须再经过精制，才能成为商品茶。精制的目的主要是剔除夹杂物，整饰形状，分别等级，减除水分，缩小体积，便于包装储运，以达到外形整齐、美观、纯净和内质较为一致的产品品质，符合各级标准样茶的规格要求。传统精制工序主要有筛分、拣剔、补火、关堆4道。

①筛分。筛分分大茶间、下身间、尾子间3段进行，经过筛分，分出各号头茶。

②拣剔。将筛分过的各号茶叶的轻片、破叶、黄片、茶梗和杂物加以剔除，大都由女工手拣，用风车及其他器具辅助。

③补火。将筛拣好的茶装入袋内，每袋约2.5 kg，置烘笼上，笼下用炭火烘焙，每隔3～4 min将烘袋提起振荡一次，以茶叶烘至褐灰色为适度。

④关堆。将补火后的各号茶，混合倒入关堆中，做成方形高堆，用木齿耙向外梳耙，使茶叶混合流下，即为小堆；再按上述方法进行大堆，使各号茶混合均匀，即可装箱成为精制红茶。

传统红茶采制方法，多为手工操作，工艺独特而富地方特色。新中国成立后，在继承传统方法优点的基础上，祁门红茶采制技术又进一步发展，初制、精制工序都得到规范，除了拣剔1项外，其余大都采用机械制作。祁门红茶生产过程更加完备有序，既保留了传统制法的特色，又剔除了其中落后的地方，精益求精。如精制过程，改进的工序达12道之多，使得祁门红茶成品达到整齐划一，品质更佳。

现在在制作高档祁门红茶如礼茶时，仍多采用以手工为主的传统制作工艺。

单元 2

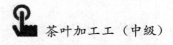

3. 四川"蒙顶甘露"加工

"扬子江心水，蒙山顶上茶"反映了蒙顶名茶品质的出众。蒙顶甘露产于素有"天漏"之称的雅安和名山县交界的蒙顶山，其最高峰达海拔1 450 m，山上林木葱茏，云雾缭绕，年均温13.5℃，年降雨量1 800～2 000 mm。蒙山土层深厚肥沃，pH值4.5～6.5，适宜茶树生长，由于蒙顶山的优异环境，历代盛产贡茶。

蒙顶名茶花色品种很多，历史上有散茶，如雷鸣、雾钟、雀舌、白毫；紧压茶有龙团、凤饼；现在主要产品有甘露、石花、黄芽、万春银叶、玉叶长春等，蒙顶甘露是蒙顶诸茶的代表，如图2—13所示。蒙顶甘露品质特征为：紧卷多毫，嫩绿油润，汤色嫩绿，清澈明亮，香气馥郁，芬芳鲜嫩，滋味鲜爽，浓郁回甜；叶底细嫩，芽叶匀整。

图2—13 甘露名茶鲜叶

（1）原料要求

每年春分前，茶芽争春萌发，当茶园内有10%～25%的芽头达一芽一叶初展时即可开园采摘。开采时可采单芽或一芽一叶初展的芽头；随后气温升高，芽叶长大，则可采一芽一叶至一芽二叶初展的芽头，鲜叶色泽要求为嫩黄绿色，芽叶大小长短匀齐，并做到"四不采"，即紫色芽不采，病虫芽叶不采，雨露水叶不采，超过或不够标准的不采。鲜叶分级是按单位重量的各类芽头组成的个数百分比与各类芽头组成重量的百分比以及嫩度色泽划分，蒙顶名茶鲜叶分级见表2—18。

表 2—18　　　　　　　　蒙顶名茶鲜叶分级表　　　　　　　　（%）

级别	单芽		一芽一叶		一芽二叶		单片		嫩度色泽
	重量	个数	重量	个数	重量	个数	重量	个数	
一级	20～30	30～50	60～70	50～60			5～10	3～8	嫩黄色
二级	0～5	0～10	60～70	60～70	10～25	8～15	5～10	5～8	嫩淡黄绿色
三级			40～55	45～60	40～50	30～40	10～17	8～10	嫩绿黄色

（2）加工设备

蒙顶甘露名茶系传统手工制作，历史上其工艺设备较简单，仅为一口小平锅及一些制茶辅助设备。而现代甘露名茶制作则以手工和机械相结合以实现大批量生产需要，所以现代甘露名茶制作常以一些微型名优茶机来实现。

（3）加工技术

甘露名茶属手工艺型名茶，因此其制作工艺要求精湛，制作过程复杂，其工艺流程多达 12 道，这在名茶工序中是少见的。因此，鲜叶通过不同的加工工艺，制成各种成品，形成不同的色、香、味、型；就是同一工艺，由于操作上的差异，同样会使产品形成不同的质量，因而制工的好坏是关系到能否充分发挥鲜叶的经济价值，形成优良品质的关键。蒙顶甘露名茶系列传统手工工艺流程为：鲜叶摊放→杀青→揉捻→炒二青→二揉→炒三青→三揉→做形→烘干→关堆。下面介绍蒙顶甘露名茶传统手工工艺技术。

1）鲜叶摊放。进厂鲜叶分级摊放。通过摊放，蒸发部分水分，促进内部部分化学成分的变化，如多酚类化合物的轻度氧化，蛋白质、糖类的水解，色素的转化等，达到在制过程中色、香、味的提高。摊放时间一般不超过 4～8 h，厚度以 5～7 cm 为宜，如遇气温高，其时间、厚度应随变。

2）杀青。甘露茶鲜叶细嫩，品质要求高，制作精细。制茶用锅以直径 50 cm 的小锅为宜，制作时待锅温上升到 140～160℃，投叶 0.4 kg，双手迅速将叶均匀翻抖 2～3 min，当叶温上升到 70～90℃后，逐渐降低锅温，待水蒸气大量蒸发后，适当闷炒，借高温水蒸气的作用达到杀透、杀匀的目的；闷炒 1～2 min，再抖炒 2～3 min，手捏叶质松软，无黏手感，叶色翠绿匀称，香气显露，杀青叶含水在 60% 左右即可起锅摊晾。手工杀青操作如图 2—14 所示。

3）揉捻。将杀青叶置于直径 60 cm 簸盘内，双手握茶交替推揉、搓揉成条（中途需解块），揉 2～3 min，团揉松块后，即完成头揉作业。手工揉捻及解块如图 2—15 和图 2—16 所示。

単元 2

图 2—14 手工杀青操作

图 2—15 手工揉捻

图 2—16 解块

4）炒二青。主要以进一步散发水分和卷紧成条为目的。锅温在 100～120℃，以投炒为主，炒至茶叶含水 45% 左右，起锅摊晾，进行二揉。

5）二揉。其目的是进一步卷紧成条。手法同头揉，时间 6～8 min，中间解块 3～4 次。

6）炒三青。继续蒸发水分，卷紧成条。此时仍以抖炒为主，锅温在 60～

80℃，防止温度过高，产生焦爆，降低品质。

7）三揉。要先轻后重，先团揉后推揉，反复 3～4 次，全程 6～7 min，使全部茶叶卷紧成细条，细胞破碎率在 60%～70%，即可放在锅中解块做形。

8）做形。是决定甘露外形品质特征的主要环节。锅温在 50～60℃，将三揉叶投入锅内，使之受热解块，抖散，拣出劣茶。经 3～4 min 后，水分减少到 25% 左右，改换手法，用双手把茶叶抓起，两手心相对，五指分开，团揉 4～5 转，撒入锅内，反复数次，使形状基本固定水分减至 15%～20%，稍稍提高锅温，至 70℃左右，使茶叶在锅内翻动 1 min，则白毫显露，含水量降至 12%～14%，即可起锅摊晾，上烘干燥。

9）初烘。用烘笼进行烘焙，每次可烘茶 100 g。为了保证甘露香气不至于在烘焙中损失，实行"文火慢烘"，使温度保持在 45～50℃，每隔 2～4 min 翻茶一次，烘至手捏茶条成粉末（含水量 7%～8%），即可下烘摊放，然后用草纸包好，审评入库。烘焙干燥操作如图 2—17 所示。

图 2—17 烘焙干燥操作

10）匀小堆。对前一天做好的小锅茶，分别按外形因素审评，外形接近的合并为 0.5 kg 一堆，再复烘和匀堆定级。

11）复烘。降低水分，达到出厂水分要求。以每次上烘 0.5 kg 左右，进行文火慢烘至含水量 6%～7%。

12）匀堆定级。对复烘后的茶叶进行扦样评审，分级归堆，拣出劣异，定出等级，包装成箱（4～5 kg 一包），待运出厂。

（4）质量要求

蒙顶甘露的质量要求为：外形紧卷多毫，绿润鲜翠；汤碧绿，清澈明亮；香气浓郁，芬芳鲜嫩；滋味鲜爽；叶底嫩匀，秀丽完整。蒙顶甘露成品如图 2—18 所示，开汤如图 2—19 所示。

图 2—18　蒙顶甘露成品图

图 2—19　蒙顶甘露开汤图

4. 河南"信阳毛尖"加工

北宋诗人苏东坡谓："淮南茶信阳第一。"西南山农家种茶者多本山茶，色香味俱美，质不在浙闽以下。信阳地区对茶树生长具有得天独厚的自然条件。这里年平均气温为 15.1℃，3 月下旬开始，日均温达 10℃，可持续 220 多天，直到 11 月下旬才下降，有效积温达 4 864℃。4—11 月的月平均气温为 20.7℃，最热的 7 月平均气温为 27.7℃，最冷的 1 月平均气温为 1.6℃。信阳地区的雨量充沛，年平均降雨量为 1 134.7 mm，而且多集中在茶季。4—11 月的光照时数为 1 592.5 h（占全年总时数的 73%），太阳辐射量为 89.25 kcal/cm²，有效辐射量为 43.74 kcal/cm²。这些自然条件，都在茶树生长生育所需要的适宜范围。信阳山区的土壤，多为黄、黑沙壤土，深厚疏松，腐殖质含量较多，肥力较高，pH 值 4~6.5。历来茶农多选择在海拔 300~800 m 的高山区种茶。这里山势起伏多变，森林密布，植被丰富，雨量充沛，云雾弥漫，空气相对湿度达 75% 以上。

信阳地区优越的气候与土壤条件，是绿茶生产的理想环境，茶园分布在车云山、集云山、天云山、云雾山、震雷山、黑龙潭等群山峡谷之间，地势高峻，溪流纵横，云雾多。有豫南第一泉"黑龙潭"和"白龙潭"，景色奇丽。茶园多分布于果树园、竹园、松杉林木和瀑泉之间。优越的自然环境和茶农科学管理茶园的丰富经验，培育了肥壮柔嫩的茶芽，为制作高品质名茶，提高优质原料。其中以车云山天雾塔峰所出为最佳。

（1）品质特征

信阳毛尖的色、香、味、形均有独特个性，其颜色鲜润、干净，不含杂质，香气高雅、清新，味道鲜爽、醇香、回甘；从外形上看则匀整、鲜绿有光泽、白毫明显。冲泡后香高持久，滋味浓醇，回甘生津，汤色明亮清澈。优质信阳毛尖汤色嫩绿、黄绿或明亮，味道清香扑鼻；劣质信阳毛尖则汤色深绿、混浊发暗，没有茶香味。

（2）原料要求

信阳毛尖原料以细嫩的一芽一、二叶为主，采回的鲜叶按不同品种的鲜叶、晴天叶与雨水叶、上午采和下午采的鲜叶分别用网眼竹编筛子进行分级，剔出碎叶及其他异物，分别盛放。同时将筛分后的鲜叶，依次摊在室内通风、洁净的竹编簸箕篮上，厚度宜 5~10 cm，雨水叶或含水量高的鲜叶宜薄摊；晴天叶或中午、下午采用的鲜叶宜厚摊，每隔 1 h 左右轻翻一次，室内温度在 25℃ 以下，防太阳光照射。摊放时间根据鲜叶级别控制在 2~6 h 为宜，待青气散失，叶质

单元
2

变软，鲜叶失水量 10％ 左右时便可付制，当天的鲜叶应当天制作完毕。

特级毛尖一芽一叶初展的比例占 85％ 以上；一级毛尖以一芽一叶为主，正常芽叶占 80％ 以上；二、三级毛尖以一芽二叶为主，正常芽叶占 70％ 左右；四、五级毛尖以一芽三叶及对夹叶为主，正常芽叶占 35％ 以上；要求不采蒂梗，不采鱼叶。20 世纪 80 年代后期，新开发的特优珍品茶，采摘更是讲究，只采芽苞。信阳毛尖对盛装鲜叶的容器也很注意，用透气的光滑竹篮，不挤不压，并要求及时送回荫凉的室内摊放 2～4 h，趁鲜分批、分级炒制，当天鲜叶当天炒完。

（3）加工设备

信阳毛尖属历史名茶，传统上为手工制作，因此，传统的加工设备比较简单，均采用直径 84 cm 的铁锅砌成 35°左右倾斜，锅台前方高 40 cm 左右，便于操作，后壁高 1 m 以上，与墙贴合，用干木柴作燃料进行茶叶加工。而现代信阳毛尖名茶制作均以手工和机械相结合以实现大批量生产需要，所以现代信阳毛尖名茶制作常以一些微型名优茶机来实现。

（4）加工技术

信阳毛尖品质好，尽在炒中成。信阳毛尖炒制工艺独特，炒制分"生锅""熟锅""烘焙"三道工序，用双锅变温法进行。"生锅"温度 140～160℃，"熟锅"温度 80～90℃，"烘焙"温度 60～90℃，随着锅温变化，茶叶含水量不断减少，品质也逐渐形成。信阳毛尖初制后，经人工拣剔，把成条不紧的粗老茶叶和黄片、茶梗及碎末拣剔出来。拣出来的青绿色成条不紧的片状茶，叫"茴青"；春茶茴青又叫"梅片"。"茴青"属五级茶，拣出来的大黄片和碎片末列为级外茶。经拣剔后的茶叶就是市场上销售的"精制毛尖"。

1）信阳毛尖的手工制作工艺技术

①鲜叶筛分。将采摘的鲜叶按不同品种的鲜叶、晴天叶与雨水叶、上午采和下午采的鲜叶分别用网眼竹编筛子进行分级，剔出碎叶及其他异物，分别盛放。

②摊放。将筛分后的鲜叶，依次摊在室内通风、洁净的竹编簸箕篮上，厚度宜 5～10 cm。雨水叶或含水量高的鲜叶宜薄摊；晴天叶或中午、下午采的鲜叶宜厚摊，每隔 1 h 左右轻翻一次。室内温度在 25℃ 以下，防太阳光照射。摊放时间根据鲜叶级别控制在 2～6 h 为宜，待青气散失，叶质变软，鲜叶失水量 10％ 左右时便可付制，当天的鲜叶应当天制作完毕。

③生锅。采用炒茶专用铁锅。锅温宜 140～160℃，每锅投鲜叶量 500 g 左右，以手掌心试探锅温，掌心距锅心 3～5 cm，有烫手感即投鲜叶。用茶把（细软竹枝扎成的圆帚）稍快反复挑翻青叶，经 3～4 min，待青叶软绵后，用茶把

尖收拢青叶，在锅中转圈轻揉裹条（将杀青适度的茶叶，用茶把在锅内顺斜锅自然旋转），动作由轻、慢逐步加重、加快，不时抖动挑散，反复进行。青叶进一步软绵卷缩，初步形成泡松条索，嫩茎折不断，然后用茶把尽快将茶叶全部扫入熟锅。生锅历时 7～10 min，茶叶含水量 55％ 左右。雨、露水鲜叶，火温提高 10～15℃，勤翻多抖；嫩叶水分较多，火温稍高，动作宜轻。

④熟锅。与生锅规格一致，与生锅并列排列，成 40°倾斜。在接纳生锅转来的茶叶后紧接操作。锅温 80～100℃，开始仍用茶把操作，并以把尖先将茶团打散，然后用把尖团揉茶叶，继续"裹揉"，不时挑散，反复进行，3～4 min 后，茶条进一步紧缩，茶把稍放平，进行"赶条"。待茶条稍紧直，互不相粘时，即用手"理条"，这是决定茶叶光和直的关键。"理条"手势自如，动作灵巧，要害是抓条和甩条。抓条时手心向下，拇指与另外四指张成"八"字形，使茶叶从小指部位带入手中，再沿锅带到锅缘，并用拇指捏住，离锅心 13～17 cm 高处，借用腕力，将茶叶由虎口处迅速有力敏捷地摇摆甩出，使茶叶从锅内上缘顺序依次落入锅心。如此反复进行，逐渐形成紧细、圆直、光润的外形。全部过程的操作历时 7～10 min，在含水量 30％ 左右时，立即清扫出锅，摊在簸箕上。

⑤初烘。将熟锅陆续出来的 4～5 锅茶叶作为一烘，均匀摊开，厚度以 2 cm 为宜。选用优质无烟木炭，烧着后用薄灰铺盖控制火温，火温宜 90～100℃。根据火温大小，每 5～8 min 轻轻翻动一次，经 20～25 min，待茶条定型，手抓茶条，稍感戳手，含水量为 15％ 左右，即可下炕。

⑥摊晾。初烘后的茶叶，置于室内及时摊晾在大簸箕内 4 h 以上，厚度宜 30 cm 左右，待复烘。

⑦复烘。将摊晾后的茶叶再均匀摊在茶烘上，厚度以 4～5 cm 为宜，火温以 60～65℃为宜，每烘摊叶量 2.5 kg 左右，每隔约 10 min 轻翻拌一次。待茶条固定，用手揉茶叶即成粉末样，方可下炕，复烘 30 min 左右，含水量控制在 7％。

⑧毛茶整理。复烘后的毛茶摊放在工作台上，将茶叶中的黄片、老枝梗及非茶类夹杂物剔出，然后进行分级。

⑨再复烘。将茶叶进一步干燥，达到含水量 6％ 以下。厚度宜 5～6 cm，温度 60℃ 左右，每烘摊茶 2.5 kg 左右，每隔约 10 min 手摸茶叶有热感即翻烘一次。经 30 min 左右，待茶香显露，手捏成碎末即下烘。分级、分批摊放于大簸箕内，适当摊晾后及时装进洁净专用的大茶桶密封，存放于干燥、低温、卫生的室内。

2）信阳毛尖机械制作工艺。机械制作工艺中的鲜叶筛分和摊放与手工制作

单元 **2**

相同，在此不再赘述。

①杀青。机械杀青宜采用适制名优绿茶的滚筒杀青机。使用时，点燃炉火后即开机启动，使转筒均匀受热，待筒内有少量火星跳动即可。根据温度指示进行投叶，不同等级的鲜叶或含水量不同的鲜叶要求温度不一，进叶口温度宜控制在120~130℃，可通过杀青机输送带上的匀叶器来控制投叶量，从鲜叶投入至出叶1.5~2 min。杀青叶含水量控制在60%左右，杀青适度的标志是叶色暗绿，手捏叶质柔软，略有黏性，紧握成团，略有弹性，青气消失，略带茶香。

②揉捻。机械揉捻宜使用适制名优绿茶的揉捻机。杀青叶适当摊晾，宜冷揉。投叶量视原料的嫩度及机型而定。揉捻高档茶时间控制在10~15 min，中低档茶控制在20~25 min。根据叶质老嫩适当加压，应达到揉捻叶表面粘有茶汁，用手握后有黏湿的感觉。

③解块。机械解块宜使用适制名优绿茶的茶叶解块机。将揉捻成块的叶团解散。

④理条。机械设备宜使用适制名优条形绿茶的理条机。理条时间不宜过长，温度控制在90~100℃，投叶量不宜过多，以投叶量0.5~0.75 kg、时间为5 min左右为宜。

⑤初烘。机械设备宜使用适制名优绿茶的网带式或链板式连续烘干机。根据茶叶品质，初烘温度进风口宜控制在120~130℃，时间10~15 min，含水量在15%~20%为宜。

⑥摊晾。将初烘后的茶叶，置于室内及时充分摊晾4 h以上。

⑦复烘。复烘仍在烘干机中进行，温度以90~100℃为宜，烘至含水量在6%以下。

5. 四川"屏山炒青"加工

单元
2

屏山县处于四川盆地向云贵高原过渡的地带，地形地貌复杂，气候既有地带性特点，又受非地带性因素的影响，属中亚热带季风型湿润气候。茶区冬无严寒、夏无酷暑，气候温和，雨量充沛，雨热同季，立体气候明显，无霜期长，光照适宜，四季分明，同时还具有春季回暖早、夏季温湿高、秋季多绵雨等适宜茶树生长的气候特征。现有茶园区域山岭纵横，溪河交汇，森林覆盖率57%，年平均气温17℃，生态系统自然平衡，土壤深厚、疏松，年降水量达1 200 mm以上，空气相对湿度85%以上，无污染源，是发展茶叶生产的理想之地，更是发展绿茶、特别是名优绿茶的最适宜区。

得天独厚的自然生态条件造就了屏山茶叶的优良品质，使屏山被先后列为"四川省优质绿茶生产基地""四川省第一批优质茶叶生产基地""四川省出口茶叶生产示范基地"。

（1）品质特征

外形细紧秀丽、栗香高长持久、汤色清澈绿亮、滋味鲜爽回甘、叶底嫩匀明亮。屏山炒青的代表产品：屏山明前条茶（屏山县水中韵茶业有限责任公司生产）、龙湖绿（屏山县龙湖名茶有限责任公司生产）、林峰条茶（屏山县林峰茶厂生产）。

（2）原料要求

选用每年 4 月 21 日（农历谷雨节）以前的一芽二、三叶茶树鲜叶作为茶原料，做到：不采病虫叶、对夹叶、紫芽叶、焦边叶、雨水叶、露水叶。

（3）加工设备

屏山炒青加工设备没有特殊的地方，仅同四川大宗绿茶加工设备相同，而不同的，仅在于工艺特殊。

（4）加工技术

屏山炒青制作工艺的、质量要求是"鲜、高、快、冷、长"，即鲜叶要鲜，忌隔夜制作；高温杀青，忌高温不持久；快速杀青和毛火，快速冷却；冷要冷过心，摊放摊得凉；炒干时间长，忌快速干燥，影响茶香味，甚至造成"外干内湿"的假干。"屏山炒青"制作最讲究火功，杀青、毛火的锅温普遍很高，足火和辉锅的时间偏长，也是温度之积累，也属高温，这与形成其"香高味长"品质有着密切关系。

单元 2

加工流程是：鲜叶处理→杀青→揉捻→干燥。

1）鲜叶处理。鲜叶进厂后，薄摊在通风处，表面呈波浪形，厚度 15～30 cm，摊放 2～4 h 为宜。每隔 40～60 min 轻翻一次，摊至叶片呈萎蔫状，略有清香即可进行杀青工艺。

2）杀青。分为头青、二青、三青，具体杀几次青要根据摊晾叶而定，一般不少于两次。锅温渐次下降。操作要求"高温快速、少量多抖"。炒至"叶子叶色呈暗绿色，叶梗折不断，手捏略黏手"时下锅，边下叶边开排风扇，迅速将杀青叶吹冷。

3）揉捻。分为初揉、复揉、捆条三个阶段，多用 55 型揉茶机。待杀青叶冷透之后，由三锅左右杀青叶揉一次。初揉不加压，揉 15～20 min，茶叶初卷成条，手触有滑腻感即可下桶解块。复揉为 2.5 锅二青叶揉一次，按"轻—重—

轻"交替加（减）压方式，历时 20～25 min，手触茶条有黏手感即可下桶解块。捆条为二锅三青叶揉一次，按"中—重—轻"交替加（减）压方式，历时约 25 min，成条率达 95％为适度。

4）干燥。干燥分为毛火、足火、辉锅三道工序。

①毛火。卷曲形屏山炒青在瓶炒机中炒制，锅温为 150℃左右，一桶半至两桶捆条叶炒一锅，叶子入锅即排气，所谓"锅要热，茶要凉"。历时约 15 min，茶条转为墨绿色，手捏有刺手感时下锅摊晾回潮。伸直形屏山炒青（条炒青）在烘干机上操作，烘至九成干下机摊晾。

②足火。卷曲形屏山炒青的毛火叶经 2～3 h 摊晾，茶条回软后，用一锅半的毛火叶投入锅中炒足火，注意排气，锅温约 120℃，历时 50～60 min，手捏茶条呈颗粒状，有明显的新茶香即可下锅摊晾，重新分布水分。伸直形屏山炒青（条炒青）一般不再有足火工序。

③辉锅。足火叶经 3～5 h 摊晾，叶内水分布均匀后，两锅足火为一辉锅锅叶，锅温 80℃左右，注意抖炒，历时约 120 min，待茶条呈灰绿油润时下锅。下锅前，旺火提香 5 min，充分发展茶香，增进滋味。

单元 2 第二节　设备操作与维护

培训目标

→ 能操作杀青机、揉捻机、烘干机等初制设备

→ 能对所操作设备进行日常保养

→ 能判断机械设备异常情况

一、常用初制设备操作

1. 杀青机操作

（1）杀青机操作步骤

1）使用杀青机前，应认真检查电源电压与机器选用电压是否一致，并接通地线和触电保护器，保证人身和设备安全。

2）接通电源，启动机器，等一切正常后，点火升温，升温时使滚筒运转，

否则易变形，影响作业。

3）杀青投叶前，应掌握温度情况，当温度达到理想杀青温度时（筒温 180～200℃，出叶口温度 80～100℃），方可投叶杀青。

4）杀青作业时，应根据温度高低，随时掌握投叶量，力求均匀一致。

5）每批鲜叶杀青完成后，1 min 左右，操作者脚踏机架出叶端，使滚筒向出叶口倾斜，快速排出滚筒内杀青叶，保证茶叶完好无损。

6）杀青叶经冷风吹散迅速薄摊冷却，摊晾厚度为 2～3 cm。

7）杀青作业结束时，应尽快撤出炉膛内的余火，并使滚筒继续空运转，当滚筒内温度降至 50℃以下时，切断电源停机。停机后应清除筒内残留叶，清理机器外表面，保持设备清洁卫生。

（2）操作注意事项

1）合理确定杀青时间。将鲜叶或类似其他物料，由进料口投入滚筒至排出滚筒的时间，可使用调节机构改变滚筒倾斜角度，调节杀青时间。一般春茶 60～70 s，夏秋茶为 50～60 s。具体视鲜叶老嫩，表面所含水分等因素决定杀青时间，以杀青适度为准。

2）随时掌握杀青程度。杀青过程中，应随时掌握杀青程度，其感官标准为：色泽暗绿，青草气消失，叶质柔软，无红梗红叶，无焦边爆点，发出清香为宜，失重率为 30％。

2. 揉捻机操作

（1）使用揉捻机前，应认真检查电源电压与机器选用电压是否一致，并接通地线和触电保护器，保证人身和设备安全。

（2）揉捻加压掌握"轻—重—轻"原则，老叶重压长揉，嫩叶轻压短揉。

（3）试机后一次性上好叶。

（4）装叶后初揉采取"轻—重—轻"交替的方式，揉捻历时 25 min 左右，出叶后及时解块筛分。需要复揉的采用"空压—轻压"的方法，历时 15 min 左右后及时送往解块筛分。

（5）揉捻操作时应注意：兼顾杀青叶的摊晾工作，禁止将杀青叶成堆存放，揉搓中揉盘边缘的叶（或茶条）应勤加处理，以保证整桶叶揉搓程度一致。

（6）揉捻完毕，应及时将揉桶及地面清理干净。

3. 烘干机操作

（1）每次开机前必须认真检查，各传动部位是否正常，烘箱体内有无障碍物及其他杂物。一切正常后方可开机。

（2）上叶前必须使烘箱内充分预热，当升温到烘茶所需温度时开始上叶。

（3）上叶量不得堆放过多，也不宜出现空板，待烘茶叶必须经过解块筛分机的解块及清除竹梢等其他杂物。

（4）以烘出茶叶的干燥程度（即含水量要求）选择摊叶厚度和全程烘茶时间，一般以薄摊快速为好，调整全程烘叶时间由无极变速箱调整和手轮调整。

（5）叶输送带装有回茶斗，并应定时开启清理。

（6）调风箱可控制总进风风量，调节风门大小位置，以不使被烘物料严重吹飞为宜。

（7）热风炉加煤料应少添勤加，以保持热风温度的恒定。

（8）烘干作业完毕，当热风温度下降到60℃以下关闭风机。烘箱内残存茶叶出净后停止主机运转。

（9）烘干机在作业时，应经常注意电动机、变速箱及各传动部位的发热情况。电机温升不得超过100℃，各部位轴承温升不得超过65℃，变速箱温升不得超过60℃。

（10）烘干机在作业运转过程中如发现有不正常的冲击噪声应立即停机检查，迅速查明原因，及时处理，排除故障，方能继续工作。

（11）烘干班次作业时应在套筒滚子链上涂抹机油加以润滑，并检查变速箱。

（12）每班次烘茶结束前应将上叶输送部分及匀叶轮上的残留茶叶刷净；结束后，应将机内机外及四周积灰清扫干净。

（13）应及时检查火管烧蚀及炉壁缝情况，以保证加热炉正常运行。

（14）应注意检查无级变速箱的传动三角皮带和输出主链条，如发现有断裂及卡阻征兆应及时更换。

（15）毛火工艺要求，茶条较松散，不黏手较适宜。

（16）足火工艺要求，要求至九成干，折之即断，手碾成末为适度。

二、机械设备保养维护

随着名优茶生产的迅速发展，茶叶加工机械在广大茶区得到普及使用。在每年茶季结束后，要认真做好各类茶叶加工机械的年终保养和维护，因为这直接关系到机械本身效益的发挥、寿命的长短以及来年茶叶生产的顺利进行。

每个茶季作业开始前，应进行如下事项：

第一，检查所有紧固件是否紧固可靠，传运零部件运转是否正常，并应清理滚筒内壁灰尘和杂物，保持清洁。

第二，接通电源，使机器不少于 1 h 空运转，传动机构运行应平稳、正常，无卡阻和异常声响，待一切正常后方可使用。

下面介绍两种具体机械的保养维护操作。

1. 茶叶滚筒杀青机的保养维护

滚筒杀青机适用于各种绿茶的连续杀青作业，常用的有 30 型和 40 型两种。热源形式有煤或柴式和电热式。它是茶叶加工中最常用的机械，其保养和维修要点如下：

（1）更换蜗轮蜗杆减速箱内的润滑油，润滑油可选用 10 号、20 号或 30 号机油。

（2）清除所有摩擦面上的污垢，尤其是对链条和链轮要进行清洗，重新加注润滑油。

（3）若链条过松，可先采取去掉几节的方法进行调整，若已严重拉长，则应更换。调整和更换链条时应注意：链条接头处弹簧卡片的安装方向应与链条的运转方向一致，以免运行时产生冲击、跳动，甚至碰撞脱落。

（4）对所有滚动轴承进行拆洗，并加注新的润滑脂，可采用钙钠基润滑脂。

（5）检查炉灶是否漏烟，若发现漏烟，应对滚筒挡烟圈、炉灶和烟囱等进行检查，发现损坏应及时修复和更换。电热机型应检查电热管有无损坏，有损坏的应予更换。

（6）各部件修复后进行全机组装，开机运转，观察机器运转是否正常。适当加热滚筒，并投入少量炒茶专用油，使其熔化覆盖筒体内表面，然后切断所有电源。必要时可对机器外表补喷油漆，干燥后用塑料纸覆盖，置干燥场所保存。

2. 茶叶揉捻机的保养维护

揉捻机是茶叶加工中比较成熟的机械，常用的型号有 25 型、30 型和 35 型等，加压形式有重锤式和单柱丝杆两种。揉捻机靠三角皮带传递动力，在年度保养时，最好更换新带，以保证正常运转。选用的三角皮带，其长度和型号应参照使用说明书。皮带截面型号应与轮槽型号一致，以保证三角皮带截面在轮槽中的正确位置。新装的三角皮带外缘可略高于轮缘。新皮带装上或在以后的运转中，其张紧度应保持适当。过紧则皮带易损坏、轴承易发热；过松则会造成传动时皮带打滑。一般情况下，三角皮带的张紧度以大拇指能按下 15 mm 左右为宜。该

单元
2

机械减速箱和轴承的保养可参考滚筒杀青机的保养方法。

三、机械设备运行中异常情况判断及紧急故障处理

在茶叶生产加工过程中，茶机工作是否正常直接影响茶叶成品品质及人身安全。生产过程中，茶机设备发生机械故障不仅要即时维修，更主要的还是应该以预防为主，避免造成损失。

1. 判断故障方法

可以通过以下几方面判断机械故障：

（1）听声音

茶机在运转中所发出的声音应该是平稳的，基本一致的，如发现某台机器有异响或有噪声时应及时停机检查，排除异常响声后方可开机生产。

（2）看转速

茶机运转时，相同型号设备转速应基本一致，如发现某台机器和其他同型号设备转速有较大差异时，也应该即时停机检查。检查时应先看各转动部件是否有损坏，各链条或三角带是否有断裂，松紧度是否一致，最后检查电机、电流器，排除故障后方可开机。

（3）摸温度

在生产中如发现温度与设定温度偏差超出一定范围应该即时检查。如果是电气设备首先应查电流是否正常，电路是否畅通，最后才查发热件；如是燃气式应该先查锅炉是否喷火，引烟是否正常（锅炉喷火即可能为炉壁已经烧坏应即时维修）。

2. 紧急故障处理

（1）停电故障处理

停电时应该即时关闭车间总电源，逐级到分电源和各个设备电源。同时应组织人员转动杀青机匀速将设备中茶叶流出，即时去除所有锅炉中的燃煤，打开烘干机所有侧门进行冷却。

（2）停气故障处理

停气后应即时关闭所有燃烧设备阀门及主供气系统。同时杀青停止供叶，降低杀青机转速让设备内的茶叶有余温杀透，烘干机同样降低转速达到原有水分。

第三节 在制品质量控制

→ 能正确抽查在制品样品

→ 能感官鉴别在制品样品

→ 能根据在制品质量及时调整茶叶机械设备的转速、烘干温度等技术参数

→ 了解食品质量安全准入制度和商品条形码知识

一、抽查在制品样品的情形和工艺阶段

在制品是指原料已被处理或正在被处理成半成品，但尚未成为成品，尚未完成入库手续的产品。在茶叶加工过程中，在制品存在于初制加工环节、精制加工环节、再加工环节、包装加工工序环节。在制品包括鲜叶原料、毛茶、茶坯、茉莉鲜花、玉兰鲜花、付制的包装及其各类需要进行外包装作业的茶叶等。

1. 在制品抽查的情形

作为在制品的鲜叶原料、毛茶、茶坯、茉莉鲜花、玉兰鲜花、付制的包装及其各类需要包装作业的茶叶，在进厂时和生产各个环节都应经过检验验收。在制品样品的抽查是加工过程中的常规检验，这种检查有两种情形：一种是生产现场管理人员或生产计时人员为了了解和检查在制品的质量或生产进度是否正常与合理所进行的随机检验；另外一种是质量检验人员为了监督在制品的质量技术状况和建立质量技术文档或建立质量技术可追溯性档案所进行的监督检验。此外，还有以下三种特殊情形：

第一，临时性的常规检验。即有外宾或者是有关领导、有关部门来现场参观时，了解或指导工作过程中需要看看具体情况时。

第二，试制新产品过程中，需要对某一个或者某几个指标进行测定、测试、反复作对照比较所进行的常规检验。

第三，生产现场出现异常情况或突发事件可能造成在制品出现质量事故时，由专职质检人员和现场技术人员及其现场管理人员协同进行的特殊检验。

单元
2

2. 在制品抽查的工艺阶段

为了随时掌握和控制产品质量和有效合理的调节工序间的工作流量，现场管理人员、生产技术人员总是要在工序之间不定时地查看茶叶在制作过程中的变化情况。在制品茶抽样就是针对流水线上不同工序之间的不同形态的在制品茶所进行的间隔性的监察的一项重要作业。这种间隔性的监察行为一般存在于（以绿茶加工为例）茶叶初制阶段、茶叶精制加工阶段、茶叶再加工阶段。

茶叶初制阶段包括鲜叶验收与维护、杀青过程、揉捻过程、干燥过程。

茶叶精制加工阶段包括筛分作业过程、切轧作业过程、拣剔作业过程、风选作业过程。

茶叶再加工阶段（以花茶为例）包括茶坯处理作业过程、鲜花维护作业过程、茶花拌和作业过程、通花作业过程、起花作业过程、压花作业过程、烘焙作业过程、提花作业过程、匀堆装箱作业过程。

二、在制品感官审评

在制品感官审评主要是依靠感觉器官来实现的，即通过具体操作人员的眼观、鼻闻、手捏互动完成的。下面以绿茶初制阶段的杀青过程、揉捻过程、干燥过程为例作简要介绍。

1. 杀青

杀青对绿茶品质起着决定性作用。通过高温，破坏鲜叶中酶的活性，制止多酚类物质氧化，以防止叶子红变。鲜叶杀青过程中，鲜叶在高温作用下叶表面颜色迅速变化，眼观其光泽度明显减弱，颜色由青绿转为暗绿，体积明显缩小；鼻闻其青草气消失殆尽，清香气味开始显露；手捏（抓一把）其黏结成团，松手则分离散开，叶质柔和变软，这是杀青适度的表现。

2. 揉捻

揉捻是绿茶塑造外形的一道工序。通过外力作用，使叶片揉破卷曲，卷紧成条，体积缩小，且便于冲泡。同时部分茶汁附着在叶表面，对提高茶滋味浓度也有重要作用。杀青叶揉捻过程中，杀青叶在外力及叶片自身的重量压力的作用下，揉捻叶逐渐形成以主脉为中心轴的卷曲条索状。在卷曲成条索状时，卷曲、折叠的叶细胞受到曲压，茶汁被挤出到叶子表面。外形上要叶条、圆条、直条、紧条、整条，叶色翠绿不泛黄，香气清香不低闷，茶汁黏附叶面，手摸有湿润黏手感觉。

3. 干燥

绿茶的干燥工序，一般先经过烘干，然后再进行炒干。因揉捻后的茶叶，含水量仍很高，如果直接炒干，会在炒干机的锅内很快结成团块，茶汁易黏结锅壁。故此，茶叶先进行烘干，使含水量降低至符合锅炒的要求。

揉捻叶干燥过程中，在热的作用下，排除叶内过多水分，防止霉变，便于储藏。干燥工序进一步促使叶内化学物质发生变化，提高茶叶内在品质，进一步塑造外形或定型。达到足干时，茶叶色泽黄绿，茶香显露，手握刺手，茶叶用手指搓捻能成粉状。

三、茶叶机械设备技术参数的调节

茶叶加工设备的技术参数的调整，是指茶叶加工设备的技术参数产生误差时做出及时的相机变化的调整。这种相机变化的调整多发生在温控装置出现误差时，例如，多功能理条机的温控装置有时就会出现此类间隙性误差。下面以多功能理条机的温控装置出现误差为例介绍参数调整的方法。

1. 现象

温控装置的读出温度与实际效果温度不一致。例如，多功能理条机在进行理条作业时，温控装置的读出温度为80℃，按照操作的规定时间该加压力棒时发现，茶叶的表面温度未达到工艺要求的温度，理条作业效果甚微。对该台机器设备进行反复测试验证发现，其实际温度与温控装置温度相差达20℃。检查温控设施未发现异常。

2. 处置方法

对该台机器设备作排差处理后即可恢复正常运行，达到预期的理条效果。具体操作是，温度相差达20℃就将设置温度提高20℃。即将温控装置的读出温度80℃提高为100℃。

四、食品质量安全（QS）准入制度

"QS"是食品"质量安全"（Quality Safety）的英文缩写，带有"QS"标志的产品就代表着经过国家的批准。所有的食品生产企业必须经过强制性的检验，合格且在最小销售单元的食品包装上标注食品生产许可证编号并加印食品质量安全市场准入标志（"QS"标志）后才能出厂销售。没有食品质量安全市场准入标志的，不得出厂销售。

1. 食品质量安全（QS）准入制度的主要内容

根据国家质量监督检验检疫总局颁布的《食品生产加工企业质量安全监督管理办法》，我国对 28 类食品实施市场准入制度。具体包括三项内容：

（1）对食品生产企业实施食品生产许可证制度。对于具备基本生产条件、能够保证食品质量安全的企业，发放《食品生产许可证》，准予生产获证范围内的产品；凡不具备保证产品质量必备条件的企业不得从事食品生产加工。

（2）对企业生产的出厂产品实施强制检验。未经检验或检验不合格的食品不准出厂销售。对于不具备自检条件的生产企业强令实行委托检验。

（3）实施食品生产许可证制度，检验合格的食品加贴市场准入标志，即 QS 标志。

2. 食品生产加工企业必备条件

（1）食品生产加工企业应当符合法律、行政法规及国家有关政策规定的企业设立条件。

（2）食品生产加工企业必须具备保证产品质量安全的环境条件。

（3）食品生产加工企业必须具备保证产品质量安全的生产设备、工艺装备和相关辅助设备，具有与保证产品质量相适应的原料处理、加工、储存等厂房或者场所。以辐射加工技术等特殊工艺设备生产食品的，还应当符合计量等有关法规、规章规定的条件。

（4）食品加工工艺流程应当科学、合理，生产加工过程应当严格、规范，防止生物性、化学性、物理性污染以及防止生食品与熟食品，原料与半成品、成品，陈旧食品与新鲜食品等的交叉污染。

（5）食品生产加工企业生产食品所用的原材料、添加剂等应当符合国家有关规定。不得使用非食用性原辅材料加工食品。

（6）食品生产加工企业必须按照有效的产品标准组织生产。食品质量安全必须符合法律法规和相应的强制性标准要求，无强制性标准规定的，应当符合企业明示采用的标准要求。

（7）食品生产加工企业负责人和主要管理人员应当了解与食品质量安全相关的法律法规知识；食品企业必须具有与食品生产相适应的专业技术人员、熟练技术工人和质量工作人员。从事食品生产加工的人员必须身体健康、无传染性疾病和影响食品质量安全的其他疾病。

（8）食品生产加工企业应当具有与所生产产品相适应的质量检验和计量检测手段。企业应当具备产品出厂检验能力，检验、检测仪器必须经计量检定合格后方可使用。不具备出厂检验能力的企业，必须委托国家质检总局统一公布的、具有法定资格的检验机构进行产品出厂检验。

（9）食品生产加工企业应当在生产的全过程建立标准体系，实行标准化管理。建立健全企业质量管理体系，实施从原材料采购、产品出厂检验到售后服务全过程的质量管理。建立岗位质量责任制，加强质量考核，严格实施质量否决权。鼓励企业根据国际通行的质量管理标准和技术规范获取质量体系认证或者HACCP认证，提高企业质量管理水平。

（10）用于食品包装的材料必须清洁，对食品无污染。食品的包装和标签必须符合相应的规定和要求。裸装食品在其出厂的大包装上能够标注使用标签的，应当予以标注。

（11）储存、运输和装卸食品的容器、包装、工具、设备必须安全，保持清洁，对食品无污染。

3. 茶叶加工企业 QS 认证基本要素

（1）生产场所要求。即厂区、生产车间、仓库、储运工具的卫生、面积等条件应符合法律法规的要求，具体如下：

1）生产场所应离垃圾场、畜牧场、医院、粪池 50 m 以上；离开经常喷施农药的农田 100 m 以上；远离排放"三废"的工业企业。

2）厂房面积应不少于设备占地面积的 8 倍。地面应硬实、平整、光洁（至少应该为水泥地面），墙面无污垢。加工和包装场地至少在每年茶季前清洗 1 次。

3）应有足够的原料、辅料、半成品和成品仓库或场地。原料、辅料、半成品和成品应分开放置，不得混放。茶叶仓库应清洁、干燥、无异味，不得堆放其他物品。

（2）生产资源要求。即生产设备、场所应符合法律法规要求。

1）绿茶生产必备杀青、揉捻、干燥设备（手工、半手工视生产工艺而定）。

2）红茶生产必须具备揉切（红碎茶）、揉捻（工夫红茶和小种红茶）、拣梗和干燥设备。

3）乌龙茶生产必备做青（摇青）、杀青、揉捻（包揉）、干燥设备。

4）黄茶生产必备杀青和干燥设备。

5）白茶生产必备干燥设备。

6）黑茶生产必备杀青、揉捻和干燥设备。

7）花茶加工必需的筛分和干燥设备。

8）袋泡茶加工必备自动包装设备。

9）紧压茶加工必备筛分、锅炉、压制、干燥设备。

10）精制加工（毛茶加工至成品茶或花茶坯）必备的筛分、风选、拣梗、干燥设备。

11）分装企业必备的称量、干燥、包装设备。

（3）原辅材料要求。即茶叶原料、包装物料的卫生应符合法律法规的要求。

（4）生产加工要求。茶叶生产的工艺流程符合《食品生产加工企业质量安全监督管理办法》等相关要求。

（5）产品要求。与茶叶产品相关联的标准应符合法律法规的要求。

（6）人员要求。与生产加工相关的人员应符合法律法规的要求，如茶叶加工人员应取得《茶叶加工工国家职业资格证书》，茶叶评审员应取得《评茶员国家职业资格证书》等。

（7）检验要求。建立严格的检验制度并具有相应的检验设备，分清自检或委托检验项目，并有相应的规定。检验结果应符合法律法规的要求。

（8）包装及标签标志要求。产品的包装及标签标志应符合法律法规的要求。

（9）储运要求。储藏及运输过程中保证茶叶卫生安全。

（10）质量管理要求。有保证茶叶卫生质量的质量管理要求，如文件化的制度、质量控制计划、检验制度、物料管理制度等。

4. 食品生产许可的申请、审查和发证

（1）申请阶段

从事食品生产加工的企业（含个体生产者），应按规定程序获取生产许可证。新建和新转让的食品企业，应当及时向质量技术监督部门申请食品生产许可证。省级、市（地）级质量技术监督部门在接到企业申请材料后，在 15 个工作日内组成审查组，完成对申请书和资料等文件的审查。企业材料符合要求后，发给《食品生产许可证受理通知书》；企业申报材料不符合要求的，企业从接到质量技术监督部门的通知起，在 20 个工作日内补正，逾期未补正的，视为撤回申请。

（2）审查阶段

企业的书面材料合格后，按照食品生产许可证审查规则（具体见附录 1 和附录 2），在 40 个工作日内，企业要接受审查组对企业必备条件和出厂检验能力的现场审查。现场审查合格的企业，由审查组现场抽封样品。审查组或申请取证企业应当在 10 个工作日内（特殊情况除外），将样品送达指定的检验机构进行检验。

经必备条件审查和发证检验合格而符合发证条件的，地方质量技监部门在 10 个工作日内对申报报告进行审核，确认无误后，将统一汇总材料在规定时间内报送国家质检总局。

国家质量监督检验检疫总局收到省级质量技监部门上报的符合发证条件的企业材料后，在 10 个工作日内审核批准。

（3）发证阶段

经国家质检总局审核批准后，省级质量技监部门在 15 个工作日内，向符合发证条件的生产企业发放食品生产许可证及副本。

5. 食品生产许可证样式

食品生产许可证采用英文字母 QS 加 12 位阿拉伯数字编号方法。QS 为英文 Quality Safety 的缩写，编号前 4 位为受理机关编号，中间 4 位为产品类别编号，后 4 位为企业序号。凡取得生产许可证的产品，企业必须在产品的包装和标签上标注生产许可证编号。

（1）受理机关编号

由 4 位阿拉伯数字组成，前 2 位代表省、自治区、直辖市，由国家质量监督检验检疫总局参照 GB/T 2260—1999《中华人民共和国行政区划代码》的有关规定统一确定；后 2 位代表各市（地），由省级质量技术监督部门确定，并上报国家质检总局产品质量监督司备案。例如，四川编号为 51。

（2）产品类别编号

由 4 位阿拉伯数字组成，具体由国家质量监督检验检疫总局统一确定，茶叶编号为 1401。

五、商品条形码知识

商品条形码是由一组规则排列、尺寸和颜色有一定规定的"条""空"及对应数字字符"码"组成，表示一定信息的商品标志。这种"条""空"和相对应的字符"码"代表相同的信息，前者供扫描器读识；后者供人直接读识或者通过键盘向计算机输入数据使用。商店在进货后，将商品条形码数字与该商品的价格、企业名称等信息输入数据库。在购买商品时，只要输入条形码的信息，计算机就可以一下子找到该商品了。

商品使用条形码的好处不仅是防止假冒，保护了消费者的利益，而且提高了购买商品后的结算速度和准确度，能够降低商品成本，增加效益。使用条形码扫描是今后市场流通的大趋势。为了使商品能够在全世界自由、广泛地流通，企业无论是设计制作，还是使用商品条形码，都必须遵循商品条形码管理的有关规定。商品条形码的诞生极大地方便了商品流通，现代社会已离不开商品条形码。据统计，目前我国已有50万种产品使用了国际通用的商品条形码。

世界上常用的码制有 ENA 条形码、UPC 条形码、二五条形码、交叉二五条形码、库德巴条形码、三九条形码和128条形码等。EAN 商品条形码也称通用商品条形码，由国际物品编码协会制定，通用于世界各地，是当今国际上使用最广泛的一种商品条形码。我国目前在国内推行使用的也是这种商品条形码。EAN 商品条形码分为 EAN—13（标准版）和 EAN—8（缩短版）两种。下面主要介绍 EAN—13 通用商品条形码。

EAN—13 通用商品条形码一般由前缀部分、制造厂商代码、商品代码和校验码组成。商品条形码中的前缀码是用来标注国家或地区的代码，由国际物品编码协会统一管理和分配，我国的前缀码为 690、691、692。前缀码对辨识商品产地是有很大作用的。制造厂商代码是由各个国家或地区的物品编码组织赋权，在我国由国家物品编码中心赋予制造厂商代码。商品代码是用来标注商品的代码，赋码权由产品生产企业自己行使，生产企业按照规定条件自己决定在自己的何种商品上使用哪些阿拉伯数字为商品条形码。商品条形码最后用1位校验码来校验商品条形码中左起第1~12数字代码的正确性。

商品条形码的编码遵循唯一性原则，以保证商品条形码在全世界范围内不重复，即一个商品项目只能有一个代码，或者说一个代码只能标注一种商品项目。不同规格、不同包装、不同品种、不同价格、不同颜色的商品只能使用不同的商品代码。

商品条形码的标准尺寸是 37.29 mm×26.26 mm，放大倍率是 0.8~2.0。当印刷面积允许时，应选择 1.0 倍率以上的条形码，以满足识读要求。放大倍数越小的条形码，印刷精度要求越高，当印刷精度不能满足要求时，易造成条形码识读困难。

由于条形码的识读是通过条形码的条和空的颜色对比度来实现的，一般情况下，只要能够满足对比度（PCS值）要求的颜色即可使用。通常采用浅色作"空"的颜色，如白色、橙色、黄色等；采用深色作条的颜色，如黑色、暗绿色、深棕色等。最好的颜色搭配是黑条白空。根据条形码检测的实践经验，红色、金色、浅黄色不宜作条的颜色；透明、金色不能作空的颜色。

复 习 题

1. 杀青机械有哪些？应如何掌握杀青方法及技术？举例说明。

2. 比较几种主要干燥工艺流程的成茶品质，简述其技术要点。

3. 四川边茶的品质特点有哪些？加工工艺及技术要点是什么？渥堆与黑茶品质的形成有何相关性？

4. 简述炒青绿茶初制工艺流程。

5. 简述烘青绿茶初制工艺流程。

6. 简述名茶中扁形茶的初制工艺流程。

7. 简述大宗绿茶中炒青绿茶精制加工工艺流程。

8. 在制品质量抽查的意义何在？

单元
2

第 **3** 单元

质量控制

茶叶的质量是茶叶企业的生命，并且贯穿于茶叶原料、茶叶加工及茶叶销售的全过程，为此，我国制定了一系列的茶叶标准。茶叶质量的控制主要包括感官质量检查、理化质量检查和茶叶卫生检查三大部分。由于我国茶叶品种花色繁多，有六大基本茶类和再加工、深加工茶叶产品，不同茶类的产品具有不同的品质特征和产品标准。因此应采用一定的手段与方式对其进行评定。茶叶审评是检验茶叶感官品质的重要手段。茶叶加工企业及其技术人员应掌握茶叶审评的基本方法，掌握各类茶的品质标准，能够正确运用评茶术语对茶叶品质进行合理评定。

第一节　质量检验

→ 能够对茶叶在制品和成品进行取样

→ 能够感官审评茶叶成品

→ 了解茶叶在制品和成品理化检验步骤和方法

单元
3

质量控制是企业生产运营控制的重要内容，是为了保持某一产品、过程或服务的质量所采取的作业技术和有关活动。

一、取样技术

取样又称抽样或扦样，指从一批（品质一致并在同一地点、同一时间段内加工并且具有相同茶类、花色、等级、茶号、包装规格和定量包装净含量）茶叶中，按照统一的方法和步骤抽取能充分代表整批茶叶品质的样品的过程。茶叶品质只能通过抽样方式进行检验。因此，样品的代表性尤为重要，必须重视检验的第一步工作——取样。取样应符合国家标准 GB/T 8302—2002《茶　取样》的规定。

1. 样品名称与分样方法

（1）样品名称

1）原始样品。原始样品是指从一批产品的单个容器内取出的或同批产品生产过程中每次取出的样品。

2）混合样品。混合样品是指将全部原始样品集中，充分混匀后的样品。

3）平均样品。平均样品是指混合样品经分样器或采用四分法逐次缩分至规定数量的样品，平均样品代表该批茶叶的品质。

4）试验样品。按各检验项目的规定，从平均样品中分取一定数量作为分析、试验用的样品。

（2）分样方法

茶叶分样方法有四分法和分样器分样法。

1）四分法。将样品置于分样盘中，来回倾倒，每次倒时应使试样均匀洒落盘中，呈宽、高基本相等的样堆。将茶堆十字分割，取对角两堆样再充分混匀即成两份试样。

2）分样器分样。将试样均匀倒入分样斗中，使其厚度基本一致，并不超过分样斗边沿。打开隔板，使茶样经多格分隔槽，自然洒落于两边的接茶器中。

2. 取样用具

取样用具主要有开箱器、取样铲、专用茶箱、塑料布、分样器、茶样罐、包装袋以及样品标签（内容包括样品名称、等级、生产日期、批次、取样基数、产地、样品数量、取样地点、取样日期、取样者的姓名等）和取样报告单。

3. 取样件数

GB/T 8302—2002《茶 取样》规定的茶叶取样数量见表 3—1。国际标准化组织（ISO）规定的抽样件数见表 3—2。

表 3—1　　　　　　GB/T 8302—2002 规定的取样件数

被检件数	应抽样件数
1～5	1
6～50	2
51～500	每增加 50 件增取 1 件
501～1 000	每增加 100 件增取 1 件
>1 000	每增加 500 件增取 1 件

表 3—2 　　　　　　　　　　　ISO 规定的取样件数

每件重>20 kg		每件重<1 kg	
提供件数	应抽件数	提供件数	应抽件数
2～10	2	25 以内	3
11～25	3	26～100	5
26～100	5	101～300	7
101 以上	7	301～500	10
		501～1 000	15
		1 001～3 000	20
		>3 001	25

4. 取样方法

（1）大包装成品茶取样

大包装成品茶取样分为包装时取样和包装后取样。

1）包装时取样。指在产品包装过程中取样。在茶叶定量包装时，每装若干件（按取样件数规定）后，用取样铲取出样品约 250 g，将所取的原始样品盛于有盖的专用茶箱中，然后混匀，再用分样器或采用四分法逐步缩分至 500～1 000 g，作为平均样品，分装于两个茶样罐中，加盖并贴上标签，供审评检验用。

2）包装后取样。指在产品成件、打包、刷唛后取样。在整批茶叶包装完成后的堆垛中，从不同堆放位置，随机抽取规定的件数。逐件开启后，分别将茶叶全部倒在塑料布上，用取样铲各取出有代表性的样品约 250 g，置于有盖的专用茶箱中混匀。用分样器或采用四分法逐步缩分至 500～1 000 g，作为平均样品，分装于两个茶样罐中，加盖贴上标签，供审评检验用。

（2）小包装成品茶取样

小包装成品茶取样分为包装时取样和包装后取样。包装前取样方法与大包装茶取样之包装时取样相同。包装后取样步骤为：在整批包装完成后的堆垛中，从不同堆放位置随机抽取规定的件数。逐件开启后，从各件内不同位置处取出 2～3 盒（听、袋）。所取样品保留数盒（听、袋），盛于防潮的容器中，进行单个检验。其余部分现场拆封，倒出茶叶混匀，再用分样器或采用四分法逐步缩分至500～1 000 g，作为平均样品，分装于两个茶样罐中，加盖贴上标签，供审评检验用。

（3）紧压茶取样

紧压茶取样包括沱茶取样，捆包的散茶取样和砖茶、饼茶、方茶取样。

单元
3

1）沱茶取样。随机抽取规定件数，每件取 1 个（约 100 g），在取得的总个数中，随机抽取 6～10 个作为平均样品，分装于两个茶样罐或包装袋中，封存贴上标签，供审评检验用。

2）捆包散茶取样。随机抽取规定件数，从各件的上部、中部、下部取样，再用分样器或采用四分法逐步缩分至 500～1 000 g，作为平均样品，分装于两个茶样罐或包装袋内，封存贴上标签，供审评检验用。

3）砖茶、饼茶、方茶取样。随机抽取规定件数，逐件开启，从各件内不同位置处，取出 1～2 块，在取得的总块数中，单块质量在 500 g 以上的，留取 2 块，500 g 及 500 g 以下的，留取 4 块。分装于两个包装袋内，作为平均样品，密封贴上标签，供审评检验用。

（4）毛茶取样

毛茶取样方法有匀堆取样、就件取样和随机取样三种。

毛茶取样应从被抽茶中的上部、中部、下部及四周随机扦取。精茶是在匀堆后装箱前，用取样铲在茶堆中各个部位多点铲取样茶，一般不少于 8 个取样点。被取出的样茶，在拌匀后用四分法逐步减少茶叶数量，然后再用样罐装足审评茶的数量。

1）匀堆取样。将该批茶叶拌匀成堆，然后从堆的各个部位分别取样约 250 g，取点不少于 8 个点。

2）就件取样。从每件上、中、下三个部位各取一把置于取样盘中，初看品质是否一致，基本一致则作为原始样品，若差异明显，则需将该件茶叶倒出充分拌匀后再取样。

3）随机取样。按规定件数随机抽件，再按就件取样法取样。

5. 填写取样报告单

取样结束后应填写取样报告单，一式三份。报告单内容包括取样时间、地点；取样者姓名；取样方法；品名、规格、等级、取样基数、产地、批次；样品数量及其说明；包装质量；取样包装时的气候条件；取样时样品所属单位盖章或证明人签名。

6. 注意事项

（1）取样工作环境应满足食品卫生的有关规定，防止外来杂质混入样品。

（2）扦样过程，要求动作轻，尽量避免将茶叶抓碎搞断导致走样。

（3）取样用具和盛器（包装袋）应符合食品卫生的有关规定，即清洁、干燥、无锈、无异味；盛器（包装袋）应能防潮、避光。

（4）所取的平均样即时送往审检部门，最迟不超过 48 h。

（5）审检用样品应有备份，以供复验或备查之用。

（6）称取开汤审评或检验的茶样，从茶样罐中倒出的样茶应先拌匀，取 200～250 g（毛茶 250～500 g）放在样盘里，在拌匀后用拇指、食指、中指抓取审评茶样，每杯用样应一次抓够，宁可手中有余茶，不宜多次抓茶添增。

（7）测水分和灰分等检验用样茶，按规定数量拌匀称取。

二、感官检验

茶叶感官审评是指经过专业训练的评茶人员利用其视觉、嗅觉、味觉和触觉等感觉器官对茶叶的外形和内质的各品质因子进行比较、鉴别，再通过大脑来综合分析判断茶叶品质优劣的过程。茶叶的色、香、味、形是茶叶品质的综合体现。其外形和色泽（干茶色泽、茶汤色泽和叶底色泽）是通过人的视觉反映出来的，香气的类型和高低是通过人的嗅觉来辨别的，滋味的味别和强弱则是需要人的味觉器官来区分。茶叶品质的综合评价，就需要人的大脑将以上感觉器官捕捉到的信息汇总分析，最后作判断从而实现鉴别茶叶品质的目的。

1. 感官审评的条件

感官审评的条件包括审评人员的条件和环境条件，也是茶叶感官审评的基本条件和必备条件。由于感官审评是利用人的感觉器官进行的，因而评茶结果的正确与否，与评茶人员自身的健康状况和专业技术水平以及评茶环境条件的好坏密切相关。如评茶人员患有色盲，难以辨别茶叶色泽的深浅；患有鼻炎难以嗅出不同茶类的香气类型及高低；没有良好的专业技术就不能迅速、准确地作出判断，更不能通过茶叶审评来指导生产。没有一个良好的环境条件，同样难以正确判断茶叶品质的好坏，如光线昏暗，难以辨别茶叶色泽的深浅等。

（1）评茶人员的基本条件

1）身体健康状况符合相关法律法规规定，能从事食品行业工作。

2）各种感觉器官具有良好的敏感性（色弱等视觉障碍者，患有鼻炎，有口臭，体味较重人员均不适合）。

3）具有一定的相关专业知识，熟悉茶叶生产、加工工艺技术。

4）热爱茶叶审评工作，具有实事求是、认真负责的工作态度和勤于实践、

单元
3

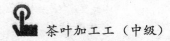

善于总结的钻研精神。

　　5）具有良好的个人卫生习惯。

　　（2）茶叶审评的环境条件

　　1）茶叶审评室应处于地势干燥，环境清净，北向无高层建筑及杂物阻挡，无反射光，周围无异味污染的地区。

　　2）茶叶审评室内应空气清新，无异味，温度适宜（15～27℃），相对湿度不高于70%，室内安静、整洁、明亮，严禁吸烟或进食。

　　3）评茶室应坐南朝北，室内面积可因工作量大小而定。

　　4）室内墙壁、门窗和天花板宜白色；地面浅灰或深灰色。

　　5）室内光线需柔和、明亮，无直射光和红、蓝、紫等杂色发射光。

2. 评茶用具及相关设置

　　（1）评茶用具

　　1）审评杯碗。要求纯白瓷烧制，各杯、碗厚度、规格、色泽一致。杯盖上有一个小孔，与杯柄相对的杯口上缘有一锯齿形缺口。毛茶审评杯碗容量均为250 mL，成品茶审评杯碗容量为150 mL和200 mL；乌龙茶审评杯（呈倒钟形，带盖）碗容量为100 mL和110 mL。

　　2）评茶盘。要求用无气味的木板或胶合板制成，正方形，边长230 mm（内圈），边高33 mm，盘的一角开有缺口，涂无反射光的乳白色。

　　3）叶底盘。黑色小木盘（一般用于成品茶）或白色搪瓷盘（用于毛茶）。小木盘为正方形，边长100 mm，边高15 mm；搪瓷盘为正方形，长200 mm，宽130 mm，边高20 mm。

　　4）称茶器。感量为0.1 g的天平。

　　5）网匙。半圆形网状小勺，用于捞取评茶碗内碎茶。

　　6）计时器。定时钟或特制秒时计（沙时计）。

　　7）茶匙。容量约为10 mL的不锈钢匙或瓷匙。

　　8）吐茶桶。

　　9）其他用具。如烧水壶、电炉、茶巾等。

　　（2）相关设置

　　1）茶样柜或茶样架。用于存放标准样和试验样。规格大小视审评室而定。色泽与墙壁颜色协调一致。

　　2）干评台。审评茶叶外形用的工作台。高900 mm，宽600 mm，长度视审评室大小和工作量定，台面为无反射光黑色，置于北向窗下。

3）湿评台。审评茶叶内质用的工作台。高 850 mm，宽 450 mm，台面框高 30 mm，长视审评室大小和工作量定，台面为无反射光的乳白色，置于干评台后。

4）水池、电源插座。

3. 感官审评的内容

茶叶感官审评是鉴定茶叶品质优劣、茶叶等级的划分、茶叶定价的主要方法。茶叶品质是茶叶外形和内质即茶叶的色、香、味、形的综合表现，因此审评茶叶主要从检视茶叶外形和品评茶叶内质两方面进行。茶叶外形包括条索、整碎、色泽、净度四项，即茶叶外形的四个品质因子；茶叶内质包括香气、滋味、汤色、叶底四项，即茶叶内质的四个品质因子。

（1）条索

茶叶的条索即指干茶的外观形状和性状。茶叶的外观形状主要有针形、条形、卷曲形、扁形、圆形、颗粒形、螺钉形、花朵形、雀舌形、片形、团块形等；茶叶的外观性状即指茶条（粒、块）的长短、大小、粗细、松紧、直曲、轻重、光滑粗糙、尖钝等特性。

（2）整碎

茶叶的整碎一方面（主要是毛茶）指单个茶条的完整程度和个体之间的大小、长短、粗细的一致性，另一方面（主要是精制茶）是指上、中、下段茶的比例是否恰当。

（3）色泽

茶叶外形色泽主要指茶条的颜色和光泽度，茶叶外观色泽主要有深绿色、墨绿色、翠绿色、黄绿色、金黄色、嫩黄色、黄褐色、砂绿色、青褐色、乌黑色、棕红色、棕褐色、灰绿色、银白色等。

（4）净度

茶叶的净度主要指茶叶中茶类夹杂物和非茶类夹杂物的含量的多少。茶类夹杂物有茶梗、茶籽、朴片、毛衣、茎梗等。非茶类夹杂物有树叶、杂草、泥沙、金属丝、麻绳、塑料绳等。

（5）香气

茶叶开汤审评中的香气是指茶叶的香气类型、浓度和持久程度。常见茶叶香气类型有嫩香、毫香、清香、花香、果香、糖香、栗香、陈香、松烟香等。

单元
3

（6）滋味

茶叶滋味主要包括茶汤滋味的类型及浓淡、强弱、鲜滞、爽涩、苦甜及纯异。茶叶滋味的主要类型有浓烈型、浓强型、醇爽型、醇甜型、醇和型、鲜醇型、陈醇型及淡薄粗劣型。

（7）汤色

茶叶汤色指茶叶冲泡后的茶汤颜色的类型、深浅、明暗、清浊。茶叶主要汤色有淡绿（嫩绿）色、碧绿色、深绿色、黄绿色、浅黄（杏黄）色、金黄色、橙黄色、黄褐色、青褐色、红艳色、红亮色等。

（8）叶底

叶底指茶叶开汤审评中，将冲泡好的茶汤沥后所剩的茶渣，审评叶底就是看叶底的老嫩、匀杂、整碎和色泽的类型、深浅和明暗。

4. 感官审评的步骤

感官审评步骤为取样、干看、湿看和结果处理。取样方法在前面已经介绍，此处不再赘述。

（1）干看

干看是指对茶叶进行外形审评，即对茶叶外观形状进行观察、比较和描述。

1）红茶、绿茶、花茶、乌龙茶、白茶、普洱散茶的外形审评。将一罐（一袋）平均样品用分样器或采用四分法缩分到 250 g 左右，置于评茶盘中，双手握住茶盘对角或样盘两侧中部的边缘，用回旋筛转法，使茶样按粗细、长短、大小、整碎顺序分层，然后对照相应的标准样品分别比较条索、色泽、整碎和净度。

2）紧压茶外形审评。将所取紧压茶平均样品一个（块）置于评茶桌上，对照相应标准样品进行外形因子比较。

（2）湿看

湿看是指对茶叶进行开汤审评。

1）红茶、绿茶、花茶、乌龙茶、白茶、普洱散茶的开汤审评。将评茶盘中的审评样品充分混匀后，一次性抓取上、中、下段茶少许，缓缓放入天平盘内，称取规定数量的茶样，置于相应规格的审评杯中，用沸水冲泡规定时间后将茶汤沥入审评碗内，依汤色、香气、滋味、叶底顺序对照标准样品进行逐项审评（香气、汤色、滋味只作参考）。

2）紧压茶的开汤审评。将紧压茶平均样品取单个中段用手或工具解散混匀，称取 5 g 试样，置于 250 mL 审评杯中，加满沸水浸泡 8 min，将茶汤沥入评茶碗中，依香气、汤色、滋味、叶底顺序对照标准样品进行逐项审评。

（3）结果处理

有评分法、评语法和符号法。

1）评分法。评分法是指以标准样品品质要求为依据，对各项品质因子进行比较评分。由于茶叶品质是由其品质因子即外形、条索、整碎、色泽、净度和内质的香气、汤色、滋味、叶底综合表现的结果，某个或某几个因子的高低都不能代表该茶叶品质的优劣，而且每个品质因子对整个茶叶品质的影响程度有所不同，为了表明各个品质因子在整个品质中所处的主次地位。特设定"权数"作为品质系数，即各个品质因子占整个品质总分的百分比，不同茶类、花色品种的茶因品质特征和要求不同，其各品质因子权数不同。例如，青茶类，其品质特征主要表现在香气和滋味上，因而其各品质因子权数分别为外形 15 分，整碎 10 分，色泽 0 分，净度 5 分，内质香气 25 分，滋味 30 分，汤色 5 分，叶底 10 分。具体评分时，相当则不加减分；稍高则加 1 分，稍低则减 1 分；较高则加 2 分，较低则减 2 分；高则加 3 分，低则减 3 分。审评结果为各品质因子得分与相应权数的乘积之和（毛茶则需外形、内质分别定等，各半计算，综合评定级别）。若有一项品质因子为负 3 分或者总评分小于负 3 分均为不合格。

2）评语法。对样品的八个品质因子应用相应茶类评茶术语逐一描述（下评语）或将试样对照相应标准样品，对各品质因子进行比较，用文字记录比较结果。

3）符号法。此方法简单可行，适合生产、经营部门使用，具体方法为：对照标准样品的各项品质因子进行比较，用符号表示其结果。如试验样香气与标准香气相当，则用符号"√"表示（又叫合格或相符）；若香气略优于标准样则用符号"⊥"表示（又叫稍高）；若香气明显优于标准样则用符号"△"表示（又叫高）；反之则用"丁"表示稍低，"×"表示低。

三、理化检验

成品茶质量检验的理化指标检验，是分析和检测茶叶内含成分、探究茶叶内含物与茶叶品质关系的主要方式，能为茶叶加工工艺控制和产品质量保证提供技术支持。茶叶常规理化检验有水分、灰分、碎末、茶梗和非茶类夹杂物。

1. 水分检测

水分指在常压条件下，试样经规定的温度加热至恒重时的质量损失。

（1）仪器与设备

1）鼓风电热恒温干燥箱，能自动控制温度±2℃。

2）分析天平，感量 0.001 g。

3）干燥器，内盛有效干燥剂。

4）铝质烘皿，带盖，内径 75～80 mm。将洁净的烘皿连同盖置于 103℃±2℃的干燥箱中，加热 1 h。加盖取出，于干燥器内冷却至室温，称量（准确至 0.001 g）。

（2）检测方法

茶叶水分检测方法分为 103℃恒重法（仲裁法）、120℃ 1 h 烘干法（快速法）和 130℃ 27 min 烘干法（快速法）三种。

1）103℃恒重法（仲裁法）。称取 5 g（准确至 0.001 g）具代表性试样于已知质量的烘皿中，置于 103℃±2℃干燥箱内（皿盖斜置皿上）。加热 4 h，加盖取出，于干燥器内冷却至室温，称量。再置干燥箱中加热 1 h，加盖取出，于干燥器内冷却，称量（准确至 0.001 g）。重复加热 1 h 的操作，直至连续两次称量差不超过 0.005 g，即为恒重，以最小称量为准。

2）120℃ 1 h 烘干法（快速法）。称取 5 g（准确至 0.001 g）具代表性试样于已知质量的烘皿中，置于 120℃±2℃干燥箱内（皿盖斜置皿上）。以 2 min 内回升到 120℃时计算，加热 1 h，加盖取出，于干燥器内冷却至室温，称量（准确至 0.001 g）。

3）130℃ 27 min 烘干法。称取 10 g（准确至 0.01 g）具代表性式样于已知质量的烘皿中，置于 130℃干燥箱内（皿盖斜置皿上）。以 2 min 内回升到 130℃时计算，加热 27 min，加盖取出，于干燥器内冷却至室温，称量（准确至 0.001 g）。

（3）结果计算

$$水分（\%）=\frac{M_1-M_2}{M_0}\times100$$

式中　M_1——试样和铝质烘皿烘前的质量，g；

　　　M_2——试样和铝质烘皿烘后的质量，g；

　　　M_0——试样的质量，g。

（4）结果处理

要求同一样品的两次测定值之差。每 100 g 试样不得超过 0.2 g。如果符合以上要求，取两次测定值的算术平均值为结果（保留一位小数）。

2. 总灰分检测

总灰分指在规定条件下，茶叶经525℃±25℃灼烧灰化后所得的残渣。

（1）仪器与设备

1）高温电炉，525℃±25℃。

2）干燥器，内盛有效干燥剂。

3）分析天平，感量0.001 g。

4）电热板。

5）坩埚，瓷质、高型，容量30 mL。

6）坩埚钳。

（2）坩埚或瓷舟的准备

1）坩埚的准备。将洁净的坩埚置于525℃±25℃高温炉内，灼烧1 h，待炉温降至300℃左右时，取出坩埚，于干燥器内冷却至室温，称量（准确至0.001 g）。

2）瓷舟的准备。将瓷舟洗净烘干后，置于700℃±25℃高温电炉内，灼烧30 min，待炉温降至大约200℃时取出，于干燥器内冷却至室温，称量（准确至0.001 g）。

（3）检测方法

茶叶总灰分检测方法分525℃±25恒重法（仲裁法）和700℃ 20 min快速法两种。

1）525℃±25℃恒重法（仲裁法）。称取混匀的磨碎试样2 g（准确至0.001 g）于坩埚内，在电热板上徐徐加热，使试样充分炭化至无烟。将坩埚移入525℃±25℃高温炉内，灼热至无炭粒（不少于2 h）。待炉温降至300℃左右时，取出坩埚，置于干燥器内冷却至室温，称量。再移入高温炉内以上述温度灼烧1 h，取出，冷却，称量。再移入高温炉内，灼烧30 min，取出，冷却，称量。重复此操作，直至连续两次称量差不超过0.001 g为止。以最小称量为准。

2）700℃ 20 min快速法。称取混匀的磨碎式样2 g（准确至0.001 g）于瓷舟内，将瓷舟放入高温电炉内，将炉门开启少许，接通电源，让试样徐徐炭化，待烟冒尽后关闭炉门，继续升温至700℃时计时，保持700℃±25℃ 20 min，关断电源，启开炉门少许，待炉温降至200℃时，取出瓷舟置于干燥器内冷却至室温，称量（准确至0.001 g）。

（4）结果计算

$$总灰分（\%）= \frac{M_1 - M_2}{M_0} \times m$$

式中　M_1——试样和坩埚灼烧后的质量，g；

M_2——坩埚的质量，g；

M_0——试样质量，g；

m——试样干物质含量，%。

（5）结果处理

要求同一样品的两次测定值之差，每 100 g 试样不得超过 0.2 g，如果符合此要求，取两次测定值的算术平均值作为结果（保留一位小数）。

3. 碎末检测

碎末指按一定的操作规程，用规定的转速和孔径筛，筛分出各种茶叶试样中的筛下物。

（1）仪器和设备

1）分样器和分样板或分样盘（盘两对角开有缺口）。

2）电动筛分机。

3）检验筛，铜丝编织的方孔标准筛（带筛底和筛盖）。毛茶碎末筛要求筛子直径 280 mm，孔径为 1.25 mm 和 1.12 mm 两种，精制茶粉末碎茶筛要求筛子直径 200 mm，粉末筛孔径 0.63 mm（条形、圆形茶用）、0.45 mm（碎形、粗形茶用）、0.23 mm（片形茶用）、0.18 mm（末形茶用）；碎茶筛孔径 1.60 mm（粗形茶用）和 1.25 mm（条圆形茶用）两种。

（2）检测方法

1）毛茶碎末茶测定。将试样用分样器或采用四分法进行分样，称取充分混匀的试样 100 g（准确至 0.1 g），倒入孔径 1.25 mm 筛网上，下套孔径 1.12 mm 筛，盖上筛盖，套好筛底，按下启动按钮，筛动 150 转。待自动停机后，取孔径 1.12 mm 筛的筛下物，称量（准确至 0.1 g），即为碎末茶含量。

2）精制茶中条、圆形茶的碎末茶测定。将试样用分样器或采用四分法进行分样，称取充分混匀的试样 100 g（准确至 0.1 g），倒入规定的碎茶筛和粉末筛的检验套筛内，盖上筛盖，按下启动按钮，筛动 100 转。将粉末筛的筛下物称量（准确至 0.1 g），即为粉末含量。移去碎茶筛的筛上物，再将粉末筛筛面上的碎茶重新倒入下接筛底的碎茶筛内，盖上筛盖，放在电动筛分机上，筛动 50 转。将筛下物称量（准确至 0.1 g），即为碎茶含量。

单元 **3**

3）精制茶中粗形茶的碎末茶测定。将试样用分样器或采用四分法进行分样，称取充分混匀的试样 100 g（准确至 0.1 g），倒入规定的碎茶筛和粉末筛的检验套筛内，盖上筛盖，筛动 100 转。将粉末筛的筛下物称量（准确至 0.1 g），即为粉末含量。再将粉末筛面上的碎茶称量（准确至 0.1 g），即为碎茶含量。

4）碎、片、末形茶的粉末测定。将试样用分样器或采用四分法进行分样，称取充分混匀的试样 100 g（准确至 0.1 g），倒入规定的粉末筛内，筛动 100 转。将筛下物称量（准确至 0.1 g），即为粉末含量。

（3）结果计算

$$碎末茶（\%）=\frac{M_1}{M}×100$$

$$粉末（\%）=\frac{M_2}{M}×100$$

$$碎茶（\%）=\frac{M_3}{M}×100$$

式中　M_1——筛下碎末茶质量，g；

　　　M_2——筛下粉末质量，g；

　　　M_3——筛下碎茶质量，g；

　　　M——试样质量，g。

（4）结果处理

1）重复性

①当测定值小于或等于 3% 时，同一样品的两次测定值之差不得超过 0.2%；若超过，需重新分样检测。

②当测定值大于 3%，小于或等于 5% 时，同一样品的两次测定之差不得超过 0.3%，否则需要重新分样检测。

③当测定值大于 5% 时，同一样品的两次测定值之差不得超过 0.5%，否则，需重新分样检测。

2）平均值计算。将未超过误差范围的两测定值平均后，再按数值修约规则修约至小数点后一位，即为该试样的实际碎茶，粉末或碎末茶含量。

4. 非茶类夹杂物检验（主要用于紧压茶）

非茶类夹杂物主要指磁性杂质、泥沙、有机质等。

（1）检测方法

单 元

3

将砖茶分成四等分，取其中对角两块为试样。用木槌敲碎，再采用四角分样法或用分样器分成二等分，取其中一份为试样，称量为 W_0。用手拣出非茶类夹杂物，再将试样平铺在玻璃板上，用 12～13 kg 吸力的磁铁在茶层内纵横交叉滑动数次，吸取磁性杂质，把每次吸取的磁性杂质收集在同一张清洁白纸上，直至磁性杂质全部吸出。合并称其质量为 W_1。

（2）结果计算

$$非茶类夹杂物（\%）=\frac{W_1}{W_0}\times100$$

式中　W_1——非茶类夹杂物总质量，g；

　　　W_0——试样总质量，g。

第二节　包装储存

→ 掌握茶叶储藏环境条件与品质的关系
→ 掌握茶叶储存方法
→ 了解茶叶常见包装材料
→ 了解仓库气调设备并能进行简单操作

单元 3

培训目标

一、茶叶储藏环境条件与品质的关系

茶叶储藏过程中的品质劣变主要是由于其内含品质成分的氧化作用，水分和温度、光线等是氧化变化的主要条件。影响茶叶储存的因素主要有以下几个：

1. 温度

温度越高，茶叶的陈化越快。茶叶在储藏的过程中，温度每升高 1℃，褐变的速度就会加快 3～5 倍。在 10℃ 以下储藏，能够抑制茶叶褐变。在 −20℃ 条件下冷藏，几乎能长期阻止茶叶陈化和变质。

2. 氧气

如果茶叶储藏不当，进入氧气，会加快茶叶的氧化作用，使茶叶陈化和劣变，影响茶叶的品质。茶多酚在储藏过程中容易发生氧化，导致色泽变褐。维生素 C 是茶叶具有营养价值的重要成分,其含量多少与茶叶品质关系密切。维生素 C 也是容易被氧化的物质,难以保存,维生素 C 被氧化后,既降低了茶叶的营养价值,又使茶色变褐,滋味失去鲜爽味。

3. 光线

光属于能量,茶叶在光线的照射下,会使叶绿素分解褪色,容易失绿而变成褐色。

4. 茶叶本身含水量

茶叶品质劣变程度与其含水量密切相关。当茶叶中的含水量太高时,茶叶较易陈化和变质。当茶叶中的含水量在 3% 左右时,茶叶容易保存。当茶叶含水量超过 6%,或者空气湿度高于 60% 以上时,茶叶的色泽变褐变深,茶叶品质变劣。因此,应保持茶叶储藏过程中的低含水率,能使茶叶中的内含物氧化和劣变速度减慢。成品茶的含水量应该控制在 3%～6%,超过 6% 时应该复火烘干。

绿茶在常温下储藏,含水量呈增加趋势。其吸湿能力强弱,与起始含水率有关,起始含水率低的,吸湿能力强,水分上升快;反之则慢。但吸湿量的大小随储藏过程中茶叶自身含水率的增加而逐渐减小。绿茶在常温下储藏其含水量的变化见表 3—3。

表 3—3　　　　　　　　不同含水率的绿茶在储藏中的含水率变化

处理	0 个月	2 个月	12 个月
低含水率	2.68%	6.09%	8.23%
中含水率	5.32%	7.12%	8.43%
高含水率	8.04%	8.9%	9.45%

储藏过程中,茶叶含水率的变化还与环境空气相对湿度有关,储藏环境相对湿度增加,茶叶含水率增加,环境相对湿度下降后,茶叶会出现明显的解湿现象。

二、常见茶叶储存方法

茶叶储存时应注意:低温保鲜储藏、脱氧真空包装、避免阳光直射、控制含水量。

1. 少量茶叶储存方法

（1）铝箔袋储存法

选择封口材料厚实、密度高的食品专用铝箔袋装茶。装入茶后袋中空气应尽量排出，装茶后不宜照射阳光。

（2）金属罐储存法

配置以清洁无味之塑胶袋装茶后，再置入罐内盖上盖子，用胶带粘封盖口。装有茶叶的金属罐置于阴凉处，不要放在阳光直射、有异味、潮湿、有热源的地方，铁罐才不易生锈，也可减缓茶叶陈化、劣变的速度。

（3）低温储存法

使用低温储存的冷藏温度以维持 0～5℃最为经济有效；储藏期超过半年者，冷冻以 −5～0℃较佳。储茶专用冷藏（冷冻）库如必须与其他食物共同冷藏（冻）时，茶叶应妥善包装，完全密封以免吸附异味。冷藏（冷冻）库内的空气循环良好，以达冷藏效果。

2. 大批量茶叶储存方法

生产或销售商茶叶的储存，数量都比较大，以采用低温、低湿、封闭式的冷库储藏为宜，其保鲜效果好而经济。一般库房要求温度不超过 5℃，湿度控制在 60％以下。建造一座容积为 180 m³ 的冷库，可储放茶叶 15 t。茶叶经 8 个月储藏，品质基本不变，叶绿素含量是常规储藏的 2 倍，维生素 C 含量是常规储藏的 4 倍。

在不设冷库的条件下，大批量高档名优茶等，在收购以后暂不动用的，为防止质变，进行临时性储存，一般都采用石灰块保藏法，即利用石灰块的吸湿性，使茶叶保持充分干燥。其方法是选用口小肚大、不易漏气的陶坛为装茶器具。储放前将坛洗净、晾干，用粗草纸衬垫坛底。用白细布制成石灰袋，装生石灰块，每袋 0.5 kg。将待藏茶叶用软白纸包后，外扎牛皮纸包好，置于坛内四周，中间嵌入 1～2 只石灰袋，再在上面覆盖已包装好的茶包，如此装满为止。装满坛子后，用数层厚草纸密封坛口，压上厚木板，以减少外界空气进入。在江南一带春秋两季多雨天气（6月与9月），视袋内石灰潮解程度，换灰 1～2 次（见灰块呈粉末状时必须更换），始终保持坛内呈干燥状态。用这种方法储存可使茶叶在一年内保持原有的色泽和香气。

三、茶叶产品包装

1. 茶叶包装材料选择

茶叶中主要含有抗坏血素、丹宁酸、多酚化合物、儿茶酸、脂肪和类胡萝卜素等成分。这些成分都很容易受氧气、温度、湿度、光线和环境异味的影响而产生变质。因此，在选择茶叶包装时，包装应能减弱或防止这些因素的影响。常见的外包装材料有不透光塑料袋、金属铁罐或纸罐、可隔绝空气的铝箔袋。包装材料的具体要求有以下几方面：

（1）防潮性

茶叶中的含水量不宜超过5％，长期保存时以3％为最佳；否则茶叶中的抗坏血素容易分解，茶叶的色、香、味等都会发生变化，尤其在较高的温度下，变质的速度更会加快。因此，在包装时可选用防潮性能良好的包装材料进行防潮包装，如以铝箔或铝箔真空镀薄膜为基础材料的复合薄膜，可以高度防潮。红茶包装尤其要注意进行防潮处理。

（2）防氧化性

包装中的氧含量必须控制在1％以下，氧气过多将会导致茶叶中某些成分氧化变质。如抗坏血酸容易氧化变成脱氧抗坏血酸，并进一步与氨基酸结合发生色素反应，使茶叶味道恶化。由于茶叶脂肪中包含相当数量的不饱和脂肪酸，这种不饱和脂肪酸可以自动氧化产生醛、酮等羰基化合物以及烯醇化合物，同样可以使茶叶中的香味消失，涩味变淡，色泽变暗。在包装技术上，可采用真空包装法或充气包装法来减少氧气的存在，真空包装是把茶叶装入气密性好的软薄膜包装袋内，包装时对袋内抽真空，然后封口。如进行充气包装，则应在抽出空气的同时充入氮气，充氮包装的目的在于保护茶叶的色、香、味稳定不变，保持其原有的质量。充气包装对材料的要求比较严格，主要有以下几个方面：无毒、无异味（包括印刷油墨、溶剂和胶粘剂的异味）；气密性好，透氧率低；防潮；具有足够的机械强度和耐戳穿性能；热封性能好；遮光性能好。

经过充气包装的茶叶，其储存期可达2年以上，基本不会改变茶叶原有的质量指标。另外，还可采用封入脱氧剂包装技术，脱氧剂可利用铁和铁化合物的氧化反应或利用糖和还原酮类的氧化反应，脱氧剂与氧发生化学反应，从而使包装容器内处于低氧状态。使用脱氧剂时，所用的复合薄膜的基础材料以偏氯乙烯涂层为好。

单元
3

（3）遮光性

由于茶叶中含有叶绿素等物，因此在对茶叶进行包装时，必须遮光以防止叶绿素和其他成分发生光催化反应。另外，紫外线也是引起茶叶变质的重要因素。解决这类问题可以采用遮光包装技术。由于多数塑料薄膜均具有80％～90％的光线透射率，为减少透射率，可在包装材料中加入紫外线抑制剂或者通过印刷、着色来减少光线透射率。另外，可采用以铝箔或真空镀铝膜为基础材料的复合材料进行遮光包装。

（4）阻气性

茶叶的香味极易散失，必须采用气密性能好的材料进行保香包装。另外，茶叶极易吸收外界的异味，使茶叶的香味受到感染。因此，因包装材料和包装技术产生出来的异味都应该严加控制。

此外，选用包装材料也应考虑到不同类别茶叶的特性。

2. 茶叶产品常用的包装

茶叶的包装根据消费群体和消费结构的不同要求，常用的包装主要有以下几种。

（1）金属罐包装

金属罐是用镀锡薄钢板制成，罐形有方形和圆筒形等，其盖有单层盖和双层盖两种。从密封上来分，有一般罐和密封罐两种。一般罐采用封入脱氧剂包装法，以除去包装内的氧气。密封罐多用于充气、真空包装。金属罐对茶叶的防护性优于复合薄膜，且外表美观、高贵。

（2）复合薄膜袋包装

目前，市售茶叶包装越来越多地采用复合薄膜袋包装。包装茶叶的复合薄膜有很多种，如防潮玻璃纸、聚乙烯、纸、铝箔、双轴拉伸聚丙烯、聚偏二氯乙烯等，复合薄膜具有优良的阻气性、防潮性、保香性、防异味等。加有铝箔的复合薄膜性能更为优越，如遮光性极好等。复合薄膜袋包装形式多种多样，有三面封口形、自立袋形、折叠形等。另外，复合薄膜袋具有良好的印刷性，用其做销售包装设计，更会具有独特的效果。

（3）塑料成型容器包装

由聚乙烯、聚丙烯、聚氯乙烯等成型容器进行包装，因其密封性能差，多作为外包装，其包装内多用塑料袋封装。塑料成型容器大方、美观，陈列效果好。

（4）衬袋盒装

采用内层为塑料薄膜层或涂有防潮涂料的纸板为包装材料制作包装盒，这种包装既具有复合薄膜袋包装的功能，又具有纸盒包装所具有的保护性、刚性等性能。若在里面用塑料袋做成小包装袋，防护效果更好。

（5）纸袋包装

这是一种用薄滤纸为材料的袋包装，通常称为袋泡茶，用时连纸袋一起放入茶具内。早期的袋泡茶加有袋线，以满足多次浸泡的方便，由于考虑到环保的要求，现在逐渐流行不用袋线的袋泡茶。用滤纸袋包装的目的主要是为了提高浸出率，另外也使茶厂的茶末得到了充分利用。

3. 包装工序操作规程

（1）每班使用的包装袋应在上一班下班前领入车间内，每班提前半小时用紫外线进行包装袋消毒。

（2）工人进入内包装间前，应更换工作服、洗手。

（3）使用前检查电子秤的准确性，每30分钟抽查一次净含量。

（4）打印生产日期。包装箱内应放产品合格证。

（5）每次完成产品包装后，应清扫机器。

四、仓库气调设备操作

随着冷藏技术的发展，茶叶产品的储藏方式也由传统方式转变为以现代的冷藏保鲜方式为主。其茶叶产品的储存设备由小型冰箱、冰柜发展到大型冷库、气调保鲜库等。

气调储藏是在传统的冷藏保鲜基础上发展起来的现代化保鲜技术，被认为是当今储存效果最好的储藏方式。商业气调储藏在国外已有60多年的历史，发达国家的多种水果如苹果、西洋梨、猕猴桃等的长期储藏，主要采用气调储藏。我国气调储藏启动较晚，但发展迅速，目前已具备了自行设计和建造各种气调库及气调设备的能力。

仓库气调设备一般采用的是技术成熟型产成品，其操作程序既简单又方便，在阅读说明书的基础上，接通电源按下或旋转开（关）按钮即可使用或停止使用。

冷藏设备的操作要严格按照设备说明书的具体要求、操作规程规范操作。如发现故障应立即断开电源，及时抢修，设备故障排除后即恢复正常工作。以避免储存过程中的茶叶受到损失。

复 习 题

1. 简述茶叶储藏环境条件与品质的关系。

2. 茶叶对包装材料的主要要求有哪些？

3. 大批量茶的储存对环境条件有哪些基本要求？

4. 简述茶叶在储藏过程中茶叶与哪些化学成分会发生氧化作用，使茶叶陈化和劣变。

中级茶叶加工工理论知识考核试卷（一）

一、填空题（请将正确答案填在空白处的横线上；每题2分，共20分）

1. 鲜叶质量指标包括鲜叶_____、_____和_____。

2. 鲜叶失去新鲜度在很大程度上是由于鲜叶_____和_____管理不当造成的。

3. 匀度是指某一批鲜叶的_____的一致性程度的高与低。

4. 无论是制作哪种茶类时，都要求鲜叶_____要好，如果鲜叶质量混杂，就会导致制茶技术选择的无所适从。

5. 鲜叶保持原有（离体时）理化性状的程度，称为_____，它是_____的重要指标之一。鲜叶新鲜度高，制出的毛茶质量就越好。

6. 摊放厚度：一般摊放厚度应为_____；名优绿茶摊放厚度一般不超过_____。

7. 摊放时间：_____，最多不超过 20 h，中间适当翻叶，翻叶时要尽可能地避免鲜叶受到不必要的损伤。

8. 摊放程度：至鲜叶含水率为_____，叶质逐渐出现柔软现象，有阵阵清香味散发时，即可转入下一道工序。

9. 茶叶加工设备根据茶叶的加工阶段不同分为初制设备和_____。

10. 在场地检查的时候千万不可粗心大意，要合理安排好在制品存放场地，否则，不仅会造成加工场秩序混乱，而且严重时还会对_____造成极大危害。

二、判断题（下列判断正确的请打"√"，错误的请打"×"；每题2分，共20分）

1. 茶叶质量的高低，取决于鲜叶质量的优次和制茶技术是否合理。（　　）

2. 黑茶揉捻的主要特点是冷却揉捻。高温杀青后，叶片受湿热的蒸闷作用，细胞组织中的纤维素、半纤维素和果胶物质部分分解为水溶性物质，使组织软化，并带黏性。所以黑茶无论初揉或复揉，都是冷却后进行。（　　）

3. 发酵是工夫红茶形成品质的关键过程。所谓红茶发酵，是在酶促作用下，以多酚类化合物氧化为主体的一系列化学变化的过程。（　　）

4. 红茶属后发酵茶，揉捻后发酵使叶子变红是工艺关键。（　　）

5. 黑茶的基本加工工艺为杀青、揉捻、渥堆、用松柴明火烘焙。（　　）

6. 雅安藏茶是挖掘、传承、弘扬、发展南路边茶传统制作技艺的创新产品。顾名思义，就是雅安生产的、与藏区有深厚历史渊源的茶叶。（　　）

7. 普洱茶现代制作工艺分为：采茶、杀青（锅炒、滚筒）、揉捻（机器加工）、干燥（烘干）、增湿渥堆（洒水、茶菌）、晾干、筛选分类、蒸压制型、最终干燥（烘干）。（　　）

8. 茶叶中酶的活性开始是随温度的升高而增强，温度达到40～45℃时，酶的活性最激烈，如温度继续升高，酶的活性就开始钝化，当叶温升到100℃，酶的活性便遭到破坏。因此，在杀青前期若能使叶温迅速升到70～100℃以上，便能有效地防止红叶产生。（　　）

9. 鲜叶杀青产生红变的原因，是杀青时叶子受热不足，叶温上升太快，不能在短时间使酶蛋白变性凝固。相反还激化了酶的活性，致使无色的茶多酚发生酶变氧化，迅速变成红色氧化物，这就是鲜叶杀青产生红叶的基本原因。（　　）

10. 蒙顶甘露名茶系列传统手工工艺流程是：鲜叶摊放→杀青→揉捻→炒二青→二揉→炒三青→三揉→做形→烘干→关堆。（　　）

三、单项选择题（下列每题的选项中，只有1个是正确的，请将其代号填在横线空白处；每题2分，共20分）

1. 蒙顶甘露的足干是用烘笼烘焙，热能由杠炭燃烧放出，茶叶在干燥过程中由于水分的蒸发和热的作用，引起一系列的化学变化，特别是芳香油的挥发较为显著。为了保持名茶的香气，采用_____的低温慢烘。

　　A. 40～50℃　　　　　　B. 50～60℃　　　　　　C. 60～70℃

2. 信阳毛尖的制作工艺，采摘细嫩的一芽一二叶，经_____、生锅、熟锅、初烘、摊晾、复烘等制成。

　　A. 杀青　　　　　　　　B. 摇青　　　　　　　　C. 摊青

3. 晒青绿茶初制工艺流程为：鲜叶采摘→杀青（萎凋）→摊晾→揉捻→_____。

　　A. 晒干　　　　　　　　B. 炒干　　　　　　　　C. 烘干

4. 红茶：看上去是红色红汤，其实是_____。红茶要求黄烷醇类较深刻地氧化。

　　A. 褐红色　　　　　　　B. 黄红色　　　　　　　C. 红色

5. 陆羽《茶经》中记载，茶发乎于神农，兴于_____。

A. 唐宋　　　　　　　B. 商周　　　　　　　C. 东晋

6. 据《中国名茶志》（2000 年 12 月第 1 版）记载，在我国的 19 个省市中仅立条、列名的地方名茶就有_____种。

A. 1 015　　　　　　　B. 1 016　　　　　　　C. 1 017

7. 西湖龙井茶素以"色绿、香郁、_____、形美"四绝称著。

A. 味醇　　　　　　　B. 味甘　　　　　　　C. 味浓

8. 碧螺春的品质特点是：条索纤细，_____，茸毛披覆，银绿隐翠，清香文雅，浓郁甘醇，鲜爽生津，回味绵长。

A. 卷曲成条　　　　　B. 卷曲成螺　　　　　C. 卷曲

9. 竹叶青做形后的茶叶适度摊晾后投入多用机中辉锅，多用机转速应适度调快、茶叶温度略高（略微烫手为度，起锅前茶温可适度提高），炒至茶叶水分_____起锅，去掉片末即为半成品。

A. 5%～6%　　　　　B. 6%～7%　　　　　C. 7%～8%

10. 峨眉毛峰制作技术。整个炒制过程分为三炒、三揉、四烘、一整形共_____道工序。

A. 九　　　　　　　　B. 十　　　　　　　　C. 十一

四、简答题（每题 8 分，共 40 分）

1. 杀青机械有哪些？应如何掌握杀青方法及技术？举例说明。

2. 四川边茶的品质特点有哪些？加工工艺及技术要点是什么？

3. 渥堆与黑茶品质的形成有何相关性？

4. 简述炒青绿茶初制工艺流程。

5. 简述烘青绿茶初制工艺流程。

中级茶叶加工工理论知识考核试卷（二）

一、填空题（请将正确答案填在横线空白处；每空 1 分，共 18 分）

1. 鲜叶质量是形成茶叶品质的_____，而制茶技术则是茶叶形质转化的_____。

2. 炒青的品质要求是：外形要求_____、_____、_____、_____、_____；内质清香持久，最好有板栗香，味浓而醇，忌苦涩，汤色黄绿明亮，叶底嫩匀，黄绿显翠，忌红梗红叶。

3. 判断不合格及劣质鲜叶的感官识别主要是从鲜叶的外形、光泽度、_____、净度、香气、_____、_____、匀整度等几个方面外观质量和形态来进行的。

4. 导致鲜叶匀度不整齐的原因有很多，但最直接、最常见的原因是_____的不一致、_____的放纵未得到有效制止所致。

5. 不合格及劣质毛茶的感官识别是根据毛茶的_____、香气、_____、汤色、_____等几个方面来进行的。

6. 适当摊放和轻萎处理可提高成茶中氨基酸、_____、茶多酚和儿茶素含量，改善绿茶的香气、滋味、茶条紧结度以及减少碎末茶。

7. 鲜叶的匀度感官鉴别的方法，就是根据鲜叶具体_____的理化性状的一致性程度的高与低来判断其匀度是否符合要求的。

8. 手工采摘要求_____，保持芽叶完整、新鲜、干净，不夹鳞片、鱼叶、茶果和老枝叶。

二、判断题（下列判断正确的请打"√"，错误的请打"×"；每题 2 分，共 20 分）

1. 从形式上讲，名茶做形有一个独立的工序。（　　）

2. 绿名茶的品种花色繁多，其品质特点是"绿叶绿汤"或"清汤绿叶"。（　　）

3. 制茶技术是茶叶形质转化的内在条件。（　　）

4. 名茶鲜叶采摘时间为清明前至谷雨前后。（　　）

5. 不同品种鲜叶的栅栏组织是相同的。（　　）

6. 不同嫩度、不同品种的鲜叶，其柔软度不同，有效物质含量是相同的。（　　）

7. 制茶过程的造形、加压大小、时间长短等，在很大程度上都依据柔软度来决定。（　　）

8. 鲜叶摊放的程度及时间根据不同的鲜叶原料、气温、湿度及操作条件不同而不同。（　　）

9. 摊放前要做到三分开，即不同品种鲜叶分开，晴天叶与雨天叶分开，新老茶树鲜叶分开。（　　）

10. 茶树品种差异：茶树品种繁多，各具特色。不同毛茶品种，其色、香、味均无差异。（　　）

三、单项选择题（下列每题的选项中，只有1个是正确的，请将其代号填在横线空白处；每题2分，共20分）

1. 外形好的绿毛茶，茶色嫩绿起霜、_____、重实有峰苗，颗粒紧结。

　　A. 条索匀整　　　　　　B. 条索细紧　　　　　　C. 条索整齐

2. 在对劣质毛茶处理的时候，切记不能将劣质毛茶简单地与品质好的毛茶进行_____，这样不仅于事无补，反而会带来更大的损失。

　　A. 分堆处理　　　　　　B. 单独堆放　　　　　　C. 匀堆处理

3. 夏茶是指5月初至7月初采制的茶叶。夏季天气炎热，茶树新的梢芽叶生长迅速，使得能溶解茶汤的水浸出物含量相对减少，特别是氨基酸等的减少使得茶汤滋味、香气多不如春茶强烈，由于_____的花青素、咖啡因、茶多酚含量比春茶多，不但使紫色芽叶增加色泽不一，而且滋味较为苦涩。

　　A. 带苦味　　　　　　B. 带苦涩味　　　　　　C. 带涩味

4. 鲜叶应储放在低温通风场所，理想温度为_____以下，相对湿度为90%～95%。

　　A. 15℃　　　　　　B. 16℃　　　　　　C. 17℃

5. 在制品存放场地的检查。加工作业开始以后，流水线上各工序的_____在转向下一工序的过程中，都需要有一个相对停留的短暂过程。

　　A. 半成品　　　　　　B. 产成品　　　　　　C. 在制品

6. 工序间所用工具的估计是指各个工序之间_____使用的工具全过程完成作业所承担的任务的能力是否充分。

　　A. 相对独立　　　　　　B. 相对集中　　　　　　C. 相对分散

7. 黑茶初制与绿茶初制的主要区别之一是黑茶初制从杀青到干燥，每个环节都要求_____。

    A. 降温除湿   B. 保温保湿   C. 保温除湿

8. _____技术是黑茶加工的核心技术。在湿热和微生物的作用下，使茶叶内多酚类化合物发生氧化聚合为主的一系列生化反应，是形成黑茶色、香、味独特品质的关键环节。

    A. 萎凋（发酵）   B. 包黄（发酵）   C. 渥堆（发酵）

9. 发酵是红茶制作的_____，经过发酵，叶色由绿变红，形成红茶红叶红汤的品质特点。

    A. 初级阶段   B. 独特阶段   C. 最后阶段

10. 普洱茶是唯一的_____的茶，它的茶碱、茶多酚等对人体有害的物质在长期的发酵过程中被分化掉了，因此品性温和，对人体不刺激，还能够促进新陈代谢，加速身体内脂肪、毒素的消解和转化。

    A. 后发酵型   B. 全发酵型   C. 半发酵型

四、简答题（第 1～3 题每题 10 分，第 4 题 12 分，共 42 分）

1. 简述"传统普洱"和"现代普洱"的分类。

2. 简述祁门红茶采制工艺。

3. 简述蒙顶甘露一揉、二揉、三揉的技术要领。

4. 简述六大类茶叶初制加工基本工艺流程。

中级茶叶加工工理论知识考核试卷（一）答案

一、填空题

1. 嫩度　匀度　新鲜度　2. 采收过程　运输过程　3. 理化性状　4. 匀度
5. 新鲜度　鲜叶质量　6. 6～8 cm　3 cm　7. 6～12 h　8. 68%～70%　9. 精制
设备　10. 产品质量

二、判断题

1. √　2. ×　3. √　4. ×　5. √　6. √　7. √　8. √　9. ×
10. √

三、单项选择题

1. B　2. C　3. A　4. B　5. A　6. C　7. B　8. C　9. B
10. C

四、简答题

答案略。

中级茶叶加工工理论知识考核试卷（二）答案

一、填空题

1. 内在根据　外在条件　2. 条索紧直　匀整　圆浑　有锋苗　色泽翠绿光润　3. 叶片形态　滋味　叶色　4. 采摘标准　不良采摘习惯　5. 外形　滋味　感官识别　6. 水浸出物　7. 表面现象　8. 提手采

二、判断题

1. ×　2. √　3. ×　4. √　5. ×　6. ×　7. √　8. √　9. √　10. ×

三、单项选择题

1. A　2. C　3. B　4. A　5. C　6. A　7. B　8. C　9. B　10. A

四、简答题

答案略。

茶叶生产许可证审查细则（2006版）

一、发证产品范围及申证单元

实施食品生产许可证管理的茶叶产品包括所有以茶树鲜叶为原料加工制作的绿茶、红茶、乌龙茶、黄茶、白茶、黑茶，及经再加工制成的花茶、袋泡茶、紧压茶共9类产品，包括边销茶。果味茶、保健茶以及各种代用茶不在发证范围。

茶叶的申证单元为2个，茶叶、边销茶。生产许可证上应注明单元名称及产品品种，即茶叶（绿茶、红茶、乌龙茶、黄茶、白茶、黑茶、花茶、袋泡茶、紧压茶），边销茶（黑砖茶、花砖茶、茯砖茶、康砖茶、金尖茶、青砖茶、米砖茶等）；茶叶分装企业应单独注明。

边销茶生产许可证的审查按《边销茶生产许可证审查细则》进行。

茶叶生产许可证有效期为3年。其产品类别编号：1401。

二、基本生产流程及关键控制环节

（一）基本生产流程

1. 从鲜叶加工流程

鲜叶—杀青—揉捻—干燥—绿茶

鲜叶—萎凋—揉捻（或揉切）—发酵—干燥—红茶

鲜叶—萎凋—做青—杀青—揉捻—干燥—乌龙茶

鲜叶—杀青—揉捻—闷黄—干燥—黄茶

鲜叶—萎凋—干燥—白茶

鲜叶—杀青—揉捻—渥堆—干燥—黑茶

2. 从茶叶生产加工流程

茶叶—制坯—窨花—复火—提花—花茶

茶叶—拼切匀堆—包装—袋泡茶

3. 精制加工

毛茶—筛分—风选—拣梗—干燥

4. 分装加工

原料—拼配匀堆—包装

（二）容易出现的质量安全问题

1. 鲜叶、鲜花等原料因被有害有毒物质污染，造成茶叶产品农药残留量及重金属含量超标。

2. 茶叶加工过程中，各工序的工艺参数控制不当，影响茶叶卫生质量和茶叶品质。

3. 茶叶在加工、运输、储藏的过程中，易受设备、用具、场所和人员行为的污染，影响茶叶品质和卫生质量。

（三）关键控制环节

原料的验收和处理、生产工艺、产品仓储。

三、必备的生产资源

（一）生产场所

1. 生产场所应离开垃圾场、畜牧场、医院、粪池 50 米以上，离开经常喷施农药的农田 100 米以上，远离排放"三废"的工业企业。

2. 厂房面积应不少于设备占地面积的 8 倍。地面应硬实、平整、光洁（至少应为水泥地面），墙面无污垢。加工和包装场地至少在每年茶季前清洗 1 次。

3. 应有足够的原料、辅料、半成品和成品仓库或场地。原料、辅料、半成品和成品应分开放置，不得混放。茶叶仓库应清洁、干燥、无异气味，不得堆放其他物品。

（二）必备的生产设备

1. 绿茶生产必须具备杀青、揉捻、干燥设备（手工、半手工名优茶视生产工艺而定）。

2. 红茶生产必须具备揉切（红碎茶）、揉捻（工夫红茶和小种红茶）、拣梗和干燥设备。

3. 乌龙茶生产必须具备做青（摇青）、杀青、揉捻（包揉）、干燥设备。

4. 黄茶生产必须具备杀青和干燥设备。

5. 白茶生产必须具备干燥设备。

6. 黑茶生产必须具备杀青、揉捻和干燥设备。

7. 花茶加工必须具备筛分和干燥设备。

8. 袋泡茶加工必须具备自动包装设备。

9. 紧压茶加工必须具备筛分、锅炉、压制、干燥设备。

10. 精制加工（毛茶加工至成品茶或花茶坯）必须具备筛分、风选、拣梗、干燥设备。

11. 分装企业必须具备称量、干燥、包装设备。

四、产品相关标准

GB 2762《食品中污染物限量》；GB 2763《食品中农药最大残留限量》；GB/T 9833.1《紧压茶 花砖茶》，GB/T 9833.2《紧压茶 黑砖茶》，GB/T 9833.3《紧压茶 茯砖茶》，GB/T 9833.4《紧压茶 康砖茶》，GB/T 9833.5《紧压茶 沱茶》，GB/T 9833.6《紧压茶 紧茶》，GB/T 9833.7《紧压茶 金尖茶》，GB/T 9833.8《紧压茶 米砖茶》，GB/T 9833.9《紧压茶 青砖茶》；GB/T 13738.1《第一套红碎茶》，GB/T 13738.2《第二套红碎茶》，GB/T 13738.4《第四套红碎茶》；GB/T 14456《绿茶》；GB 18650《原产地域产品 龙井茶》；GB 18665《蒙山茶》；GB 18745《武夷岩茶》；GB 18957《原产地域产品 洞庭（山）碧螺春茶》；GB 19460《原产地域产品 黄山毛峰茶》；GB 19598《原产地域产品 安溪铁观音》；GB 19691《原产地域产品 狗牯脑茶》；GB 19698《原产地域产品 太平猴魁茶》；GB 19965《砖茶氟含量》；SB/T 10167《祁门工夫红茶》；相关地方标准；备案有效的企业标准。

五、原辅材料的有关要求

（一）鲜叶、鲜花等原料应无劣变、无异味，无其他植物叶、花和杂物。

（二）毛茶和茶坯必须符合该种茶叶产品正常品质特征，无异味、无异嗅、无霉变；不着色，无任何添加剂，无其他夹杂物；符合相关茶叶标准要求。

（三）茶叶包装材料和容器应干燥、清洁、无毒、无害、无异味，不影响茶叶品质。符合 SB/T 10035《茶叶销售包装通用技术条件》的规定。

六、必备的出厂检验设备

（一）感官品质检验：应有独立的审评场所，其基本设施和环境条件应符合 GB/T 18797—2002《茶叶感官审评室基本条件》相关规定。审评用具（干评台、湿评台、评茶盘、审评杯碗、汤匙、叶底盘、称茶器、计时器等），应符合 SB/T 10157—1993《茶叶感官审评方法》相关规定。

（二）水分检验：应有分析天平（1 mg）、鼓风电热恒温干燥箱、干燥器等，或水分测定仪。

（三）净含量检验：电子秤或天平。

（四）粉末、碎茶：应有碎末茶测定装置（执行的产品标准无此项目的不要求）。

（五）茶梗、非茶类夹杂物：应有符合相应要求的电子秤或天平（执行的产品标准无此项目要求的不要求）。

七、检验项目

茶叶的发证检验、监督检验和出厂检验按表中列出的检验项目进行。对各类各品种的主导产品带"＊"号标记的出厂检验项目，企业每年至少检验2次。

茶叶产品质量检验项目表

序号	检验项目	发证检验	监督检验	出厂检验	备 注
1	标签	√	√		预包装产品按 GB 7718 的规定进行检验
2	净含量	√	√	√	
3	感官品质	√	√	√	
4	水分	√	√	√	
5	总灰分	√	√	＊	
6	水溶性灰分	√		＊	执行标准无此项要求或为参考指标的不检验
7	酸不溶性灰分	√		＊	执行标准无此项要求或为参考指标的不检验
8	水溶性灰分碱度（以 KOH 计）	√		＊	执行标准无此项要求或为参考指标的不检验
9	水浸出物	√		＊	执行标准无此项要求或为参考指标的不检验
10	粗纤维	√		＊	执行标准无此项要求或为参考指标的不检验
11	粉末、碎茶	√		√	执行标准无此项要求的不检验
12	茶梗	√	√	√	执行标准无此项要求的不检验
13	非茶类夹杂物	√	√	√	执行标准无此项要求的不检验
14	铅	√	√	＊	
15	稀土总量	√	√	＊	
16	六六六总量	√	√	＊	
17	滴滴涕总量	√	√	＊	

续表

序号	检验项目	发证检验	监督检验	出厂检验	备　注
18	顺式氰戊菊酯	√	√	*	
19	氟氰戊菊酯	√	√	*	
20	氯氰菊酯	√	√	*	
21	溴氰菊酯	√	√	*	
22	氯菊酯	√	√	*	
23	乙酰甲胺磷	√	√	*	
24	氟	√	√	*	执行标准无此项要求的不检验
25	执行标准规定的其他项目	√	√	*	

八、抽样方法

按企业所申报的发证产品品种，每一品种均需随机抽取某一等级的产品进行检验。同一样品种，同一生产场地，使用不同注册商标的不重复抽取。

（一）抽样地点：成品库。

（二）抽样基数：净含量大于或等于 10 kg。抽样以"批"为单位。具有相同的茶类、花色、等级、茶号、包装规格和净含量，品质一致，并在同一地点、同一期间内加工包装的产品集合为一批。

（三）抽样方法及数量：抽样方法按 GB/T 8302《茶 取样》的规定。样品数量为 1 000 g。对单块质量在 500 g 以上的紧压茶应抽取 2 块。样品分成 2 份，1 份检验，1 份备用。

（四）封样和送样要求：抽取的样品应迅速分装于 2 个茶样罐或茶样袋中，封口后现场贴上封条，并应有抽样人的签名。抽样单一式 4 份，应注明抽样日期、抽样地点、抽样方法、抽样基数、抽样数量和抽样人、被抽查单位的签字等。样品运送过程中，应做好防潮、防压、防晒等工作。茶样罐或茶样袋应清洁、干燥、无异味，能防潮、避光。

九、其他要求

（一）本类产品允许分装。

（二）企业和质检机构承担茶叶感官审评的人员，必须经统一的培训，取得国家特有工种"评茶员"的职业资格后，才能从事相应的检验工作。

（三）茶叶产品必须包装出厂。

边销茶生产许可证审查细则

一、发证产品范围及申证单元

实施食品生产许可证管理的边销茶产品包括所有以茶叶为原料，经过蒸压成型、干燥等工序加工制成的，在边疆少数民族地区销售的茶叶产品。

二、基本生产流程及关键控制环节

（一）基本生产流程

茶叶原料—筛切拼堆—（渥堆）—蒸压成型—干燥—边销茶（紧压茶）。

（二）容易出现的质量安全问题

1. 茶叶原料：加工原料的鲜叶在生长过程中易被有害有毒物质污染，造成茶叶产品农药残留量及重金属含量超标；修剪叶落地摊放，易使原料夹杂物增加，造成非茶类夹杂物、总灰分及重金属含量超标；原料选择不当或过分粗老，易造成氟含量过高。

2. 加工过程：厂房设施及加工设备简陋直接影响产品的质量安全和品质；管理不当或卫生条件差易造成非茶类夹杂物、总灰分及茶梗超标。

3. 仓储、运输过程：易受设备、包装物、场所和人员行为的污染；通风不畅会影响产品品质和卫生状况。

（三）关键控制环节

原料、加工管理、仓储。

三、必备的生产资源

（一）生产场所

1. 生产场所应离开垃圾场、畜牧场、医院、粪池 50 米以上，离开经常喷施农药的农田 100 米以上，远离排放"三废"的工业企业。生产场所内不得有家禽等其他动物。

2. 加工车间面积应不少于设备占地面积的 10 倍。地面应硬实、平整、光洁

（至少应为水泥地面），墙面无污垢。加工和包装场所至少在每年茶季前清洗一次。

3. 锅炉间应单独设置，蒸汽管道设置应合理。应有单独存放燃料的场所，有防止燃煤污染和保障安全的措施。

4. 应有足够的原料、辅料、半成品和成品仓库。原料、辅料、半成品和成品应分开放置，不得混放。茶叶仓库应清洁、干燥、无异气味，不得堆放其他物品。茶叶仓库内应有通风、消防设施。

（二）必备的生产设备

边销茶（紧压茶）生产必须具备筛分、锅炉、压制、干燥设备或设施。

四、产品相关标准

GB 2762《食品中污染物限量》、GB 2763《食品中农药残留限量》、GB/T 9833.1《紧压茶 花砖茶》、GB/T 9833.2《紧压茶 黑砖茶》、GB/T 9833.3《紧压茶 茯砖茶》、GB/T 9833.4《紧压茶 康砖茶》、GB/T 9833.5《紧压茶 沱茶》、GB/T 9833.6《紧压茶 紧茶》、GB/T 9833.7《紧压茶 金尖茶》、GB/T 9833.8《紧压茶 米砖茶》、GB/T 9833.9《紧压茶 青砖茶》、GB 19965《砖茶氟含量》，相关地方标准，备案有效的企业标准。

五、原辅材料的有关要求

（一）茶叶原料必须符合正常的品质特征，无异味、无异嗅、无霉变；不着色，无任何添加剂，无非茶类夹杂物；符合相关茶叶标准要求。

（二）包装材料应干燥、清洁、无毒、无害、无异味，不影响茶叶品质。符合相关包装材料卫生要求的规定。

六、必备的出厂检验设备

1. 感官品质检验：应有独立的审评场所，其基本设施和环境条件应符合GB/T 18797—2002《茶叶感官审评室基本条件》相关规定。审评用具（干评台、湿评台、评茶盘、审评杯碗、汤匙、叶底盘、称茶器、计时器等），应符合SB/T 10157—1993《茶叶感官审评方法》相关规定。

2. 水分检验：应有分析天平（精度1/1 000 g以上）、鼓风电热恒温干燥箱、干燥器等，或水分测定仪。

3. 总灰分检验：应有分析天平（精度1/1 000 g以上）、高温电炉（温控：

525℃±25℃）、瓷质坩埚、干燥器等。

    4. 净含量检验：应有符合相关要求并经过计量鉴定的天平或秤。

    5. 茶梗、非茶类夹杂物：应有符合相应要求的天平或秤。

七、检验项目

    边销茶的发证检验、监督检验和出厂检验按表中列出的检验项目进行。对各类各品种的主导产品带"＊"号标记的出厂检验项目，企业应当每年检验2次。

序号	检验项目	发证检验	监督检验	出厂检验	备　注
1	标签	√	√		预包装产品按 GB 7718 的规定进行检验
2	净含量	√	√	√	
3	感官品质	√	√	√	
4	水分	√	√	√	
5	总灰分	√	√	√	
6	水浸出物	√	√	＊	
7	茶梗	√	√	√	
8	非茶类夹杂物	√	√	√	
9	铅	√	√	＊	
10	稀土总量	√	√	＊	
11	六六六总量	√	√	＊	
12	滴滴涕总量	√	√	＊	
13	顺式氰戊菊酯	√	√	＊	
14	氟氰戊菊酯	√	√	＊	
15	氯氰菊酯	√	√	＊	
16	溴氰菊酯	√	√	＊	
17	氯菊酯	√	√	＊	
18	乙酰甲胺磷	√	√	＊	
19	杀螟硫磷	√	√	＊	
20	氟	√	√	＊	
21	执行标准规定的其他项目	√	√	＊	

八、抽样方法

    在企业的成品库内随机抽取1种生产量较大的产品进行发证检验，所抽样品须为同一包装、同一批次的产品。抽样基数不得少于 50 kg，抽样数量为 4 kg

（不少于 2 个包装），分为 2 份，1 份检验，1 份备查。

样品经确认无误后，由核查组抽样人员与被抽查单位在抽样单上签字、盖章。样品应加贴封条，封条上应有抽样和被抽样人员签字、抽样单位盖章及抽样日期。

九、其他要求

1. 边销茶产品不允许分装。

2. 在对边销茶生产加工企业进行条件审查时，应当有地方民族工作管理部门和边销茶工作管理部门的人员共同参与。

3. 承担茶叶感官品质检验的人员，必须经统一的培训，取得国家特有工种"评茶员"的职业资格后，才能从事相应的检验工作。

4. 边销茶产品必须预包装出厂。